生产安全事故应急救援培训教材

能量隔离
与应急救援

中海油安全技术服务有限公司　组织编写

孙燕清　王　钊　任登涛　编著

气象出版社
China Meteorological Press

内容简介

本书是《生产安全事故应急救援培训教材》丛书之一,首先从能量失控及其危害引入,介绍了危险化学品、电能等意外释放危害的特点与影响程度,如何针对上述能量意外释放进行预防、处理、救援等措施和实际操作,最后结合实际案例分析如何处置能量失控事件。本书为工业生产中涉及能量意外释放的各岗位工作人员提供理论知识和实践素材。

图书在版编目(CIP)数据

能量隔离与应急救援/孙燕清,王钊,任登涛编著

. —北京:气象出版社,2018.11(2020.1重印)

生产安全事故应急救援培训教材

ISBN 978-7-5029-6584-6

Ⅰ.①能… Ⅱ.①孙… ②王… ③任… Ⅲ.①突发事件-救援-安全培训-教材 Ⅳ.①X928.04

中国版本图书馆 CIP 数据核字(2017)第 142070 号

Nengliang Geli yu Yingji Jiuyuan

能量隔离与应急救援

出版发行:气象出版社

地　　址:北京市海淀区中关村南大街 46 号　　**邮政编码**:100081

电　　话:010-68407112(总编室)　010-68408042(发行部)

网　　址:http://www.qxcbs.com　　**E - m a i l**:qxcbs@cma.gov.cn

策　　划:彭淑凡　张树军

责任编辑:张盼娟　彭淑凡　　　　　　　　**终　　审**:张　斌

责任校对:王丽梅　　　　　　　　　　　　**责任技编**:赵相宁

封面设计:楠竹文化

印　　刷:北京中石油彩色印刷有限责任公司

开　　本:889 mm×1194 mm　1/32　　　　**印　　张**:4

字　　数:113 千字

版　　次:2018 年 11 月第 1 版　　　　　　**印　　次**:2020 年 1 月第 2 次印刷

定　　价:20.00 元

《生产安全事故应急救援培训教材》
编审委员会

顾　　问：相桂生

编写委员会

主　　任：李　翔

副 主 任：赵兰祥　王　伟　章　焱　杨东棹　陈　戎
　　　　　郑　珂　刘怀增　钱立峰　王　勇　王明阶

委　　员（按姓氏笔画排序）：
　　　　　王旭旭　王国弘　王洪亮　吕长龙　朱荣东
　　　　　任登涛　关　欣　杨立军　宋　杰　宋　超
　　　　　张春阳　张树军　陈红新　孟　于　高立伟
　　　　　粟　驰　焦权声　谭志强　熊　亮　薛立勇

审定委员会

主　　任：王　伟

副 主 任：任登涛

委　　员（按姓氏笔画排序）：
　　　　　马　林　马海峰　王　琛　王　超　王　辉
　　　　　王大勇　王建文　王新军　王熙龙　付　军
　　　　　刘　杰　刘　亮　刘伟帅　刘莉峰　衣勇磊
　　　　　许朝旭　苏长春　杨　轶　杨德兴　何四海
　　　　　余红丽　张绍广　陈　强　苗玉超　依　朗
　　　　　赵明杰　侯宝刚　耿铁兵　徐瑞祥　黄远磊

丛书主编：赵正宏

本册编著：孙燕清　王　钊　任登涛

序

在党中央、国务院的高度重视下,在各地区、各部门和各单位的共同努力下,全国安全生产形势持续稳定好转,全国生产安全事故起数和死亡人数已连续 14 年实现"双下降"。但安全生产形势依然严峻复杂,事故总量仍然很大,重特大事故时有发生。在做好事故预防、防范事故发生的同时,必须开展及时、有效的应急救援,避免事故蔓延扩大,减少人员伤亡和财产损失。

近年来,我国安全生产应急救援体制建设成效显著,国家成立了国家安全生产应急救援的专门工作机构,全国 32 个省级、304 个市级、1133 个县级政府和单位建立了应急管理工作机构,54 家中央企业建立了应急管理组织,建立了覆盖各行业、领域的五级安全生产应急预案体系;国家、地方、企业专兼职安全生产应急救援队伍体系基本建成,安全生产应急救援能力显著提升。

安全生产应急救援法制建设持续推进。2007 年颁布的《突发事件应对法》对包括生产安全事故在内的各种突发事件的预防与应急准备、监测与预警、应急处置与救援、事后恢复与重建等应对活动作出了规定。2014 年新修订的《安全生产法》对事故应急救援作出了专门的规定。经过多年的努力,《生产安全事故应急条例》也将颁布实施。依据有关法规,生产经营单位应当制定本单位生产安全事故应急救援预案,并定期组织演练,保证从业人员接受安全生产教育和培训,熟悉应急职责、应急程序和岗位应急处置方案。

为满足中央企业加强应急救援队伍建设的要求,提升生产经营单位应急响应水平,增强应急救援人员综合能力和高危行业员工应急行动能力与自救互救能力,中海油安全技术服务有限公司(原"海洋石油培训中心")在中央国有资本经营预算安全生产保障能力建设专项资金的支持下,建成了功能完善、技术先进的应急救援培训演练基地,成为首批 12 个国家级安全生产应急救援培训与演练示范基地之一。

为更好地发挥应急救援培训演练基地的培训功能,提高应急救援培训演练的效果,中海油安全技术服务有限公司在总结多年培训经验的基础上,组织行业内的专家编写了这套《生产安全事故应急救援培训教材》,包括《应急救援通用基础知识》《应急预案编制与演练》《事故灾难应急救援指挥》《应急救援个体防护装备》《人员应急逃生与急救》《化工火灾应急救援技术》《危险化学品生产事故应急救援》《危险化学品储存与运输事故应急救援》《工业带压堵漏应急技术》《高处作业安全技术与应急救援》《电气作业安全应急技术》《受限空间作业应急救援》《水上应急自救与搜救》《能量隔离与应急救援》14 个分册。

本套书将应急理论与教学实践相结合,设计了具有针对性的典型事故模拟场景训练,并将模拟仿真和实战训练相结合、实际演练和应急指挥相结合,有利于全面提升应急救援培训的效果。本套书的宗旨在于根据石油石化行业的事故特点,训练有关人员掌握在高风险作业、易燃易爆、有毒有害气体等恶劣的作业环境下,对于石油石化行业典型事故的快速应急响应能力、准确得当的现场处置能力、事故控制和现场恢复等能力。

本套书涉及预案编写、应急指挥、火灾扑救、事故救援等方面,可广泛应用于海洋石油勘探开发、工程建造、油气生产、危化品储存与运输、炼油、石油化工等领域,尤其适合海洋石油钻井、油气生产、海洋工程、危化品运输及炼化、石油化工等领域应急救援队员、危险作业场所安全管理人员和从业人员进行专业知识与技能培训。

生命至上,安全无小事。希望本套书的推广和应用,能使有关生产经营单位提高应急救援能力,起到减少事故损失、保护人民生命财产安全、促进社会和谐稳定的积极作用。

国家安全生产监督管理总局政策法规司司长　罗音宇

2017 年 6 月

目　录

第一章 能量失控与危害

第一节 能量意外释放的危害

事故发生有其自身的规律和特点,了解事故的发生、发展和形成过程对于辨识、评价和控制危险源具有重要意义。只有掌握事故发生的原因及规律,才能保证生产系统处于安全状态。事故致因理论是帮助人们认识事故整个过程的重要理论依据。

一、能量意外释放理论

1961年,吉布森(Gibson)提出,事故是一种不正常的或不希望发生的能量释放,意外释放的各种形式的能量是构成伤害的直接原因。因此,应该通过控制能量或控制能量载体(能量达及人体的媒介)来预防伤害事故。1966年,在吉布森的研究基础上,美国运输部安全局局长哈登(Haddon)完善了能量意外释放理论,提出"人受伤害的原因只能是某种能量的转移",并提出了能量逆流于人体造成伤害的分类方法,将伤害分为两类:第一类伤害是由于施加了超过局部或全身性损伤阈值的能量引起的;第二类伤害是由于影响了局部或全身性能量交换引起的,主要指中毒窒息和冻伤。

能量在生产过程中是不可缺少的,人类利用能量做功以实现生产目的。人类为了利用能量做功,必须控制能量。在正常生产过程中,能量受到种种约束和限制,按照人们的意志流动、转换和做功。如果由于某种原因,能量失去了控制,超越了人们设置的约束或限制而意外地逸出或释放,必然造成事故。如果失去控制的、意外释放的能量达及人体,并且能量的作用超过了人们的承受能力,人体必将受到伤害。根据能量意外释放理论,伤害事故原因有:①接触了超过机体组织(或结构)抵抗力的某种形式的过量能量;②有机体与周围环境的正常能量交换受到了干扰(如窒息、淹溺等)。因而,各种形式的能量是构成伤害的直接原因,可以通过控制能源,或控制达及人体媒介的能量载体来预防伤害事故。

能量主要指电能、机械能(移动设备、转动设备)、热能(机械或设备、化学反应)、势能(压力、弹簧力、重力)、化学能(毒性、腐蚀性、可燃性)、辐射能等。电能、机械能(动能和势能统称为机械能)、热能、化学能、电离及非电离辐射、声能和生物能等形式的能量,都可能导致人员伤害,其中前四种形式的能量引起的伤害最为常见。意外释放的机械能是造成工业伤害事故的主要能量形式。处于高处的人员或物体具有较高的势能,当人员具有的势能意外释放时,会发生坠落或跌落事故;当物体具有的势能意外释放时,将发生物体打击等事故。除了势能外,动能是另一种形式的机械能,各种运输车辆和机械设备的运动部分都具有较大的动能,工作人员一旦与之接触,将发生车辆伤害或机械伤害事故。现代化工业生产广泛利用电能,当人们意外地接近或接触带电体时,可能发生触电事故而受到伤害。工业生产广泛利用热能,生产中利用的电能、机械能或化学能可以转变为热能,可燃物燃烧时释放出大量的热能,人体在热能的作用下,可能遭受烧灼或被烫伤。有毒有害的化学物质使人员中毒,是化学能引起的典型伤害事故。

能量意外释放理论揭示了事故发生的物理本质,为人们设计及采取安全技术措施提供了理论依据。能量观点的事故因果连锁模型如图 1-1 所示。

二、能量意外释放的影响

1. 工业生产常用能量的种类

工业生产常用能量有以下几种:电能、机械能、液压、气压、化学能、热能、重力、放射能等。

2. 电能意外释放影响

电能意外释放会导致三种危害:

(1)电流通过人体,形成触电伤害。

(2)电能失控,拖动设备运转,造成检修作业人员伤害。

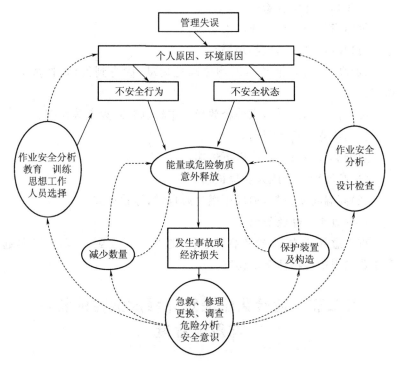

图 1-1　能量观点的事故因果连锁模型

（3）电能失控，形成火花和高温，造成火灾。

3. 机械能意外释放影响

机械能意外释放将会导致以下影响：

（1）机械转动，将物体绞入机械设备中，造成人员伤害。

（2）机械移动，在移动过程中，碰撞人体，造成伤害。

（3）机械坠落，如机械零部件坠落，砸伤人员，造成伤害。

4. 液压意外释放影响

液压意外释放时，高压液体喷射出来，造成以下影响：

（1）高压液体喷射到人体，直接造成伤害。

（2）液体喷射到工作区域，造成地面湿滑，导致人员跌倒。

（3）高压气体，容易挥发，导致火灾。

5.气体意外释放影响

气体意外释放会造成以下影响:

(1)高压气体,形成物理爆炸。

(2)高压气体,推动金属物体高速运动,撞击到人体,造成人员伤害。

(3)有毒有害气体,意外释放导致中毒、腐蚀、火灾等伤害。

6.热能意外释放影响

热能意外释放会造成以下影响:

(1)高温物质造成人员烧烫伤。

(2)高温物质蓄热,形成可燃物质自燃,导致火灾。

7.重力意外释放影响

重力意外释放,会导致物体坠落,造成人员受到伤害,尤其是起重作业过程中的物体坠落伤害。

第二节　危险化学品意外释放危害的特点与影响程度

一、危险化学品的定义

危险化学品,是指具有毒害、腐蚀、爆炸、燃烧、助燃等性质,对人体、设施、环境具有危害的剧毒化学品和其他化学品。

二、危险化学品的分类

危险化学品目前有数千种,其性质各不相同,每一种危险化学品往往具有多种危险性,但是在多种危险性中,必有一种主要的对人类危害最大的危险性。因此,危险化学品的分类,主要是根据其主要危险特性进行分类的。目前涉及危险化学品分类的标准主要有 GB 6944—2005《危险货物分类和品名编号》、GB 13690—2009《化学品分类和危险性公示 通则》等国家标准。其中 GB 13690—2009 对危险化学品的分类如下。

1. 爆炸物

(1)爆炸物质(或混合物)是这样一种固态或液态物质(或物质的混合物),其本身能够通过化学反应产生气体,而产生气体的温度、压力和速度能对周围环境造成破坏。其中也包括发火物质,即使它们不放出气体。

发火物质(或发火混合物)是这样一种物质或物质的混合物,它旨在通过非爆炸自持放热化学反应产生的热、光、声、气体、烟或所有这些的组合来产生效应。

爆炸性物品是含一种或多种爆炸性物质或混合物的物品。

烟火物品是包含一种或多种发火物质或混合物的物品。

(2)爆炸物种类包括:

① 爆炸性物质和混合物。

② 爆炸性物品,但不包括下述装置:其中所含爆炸性物质或混合物由于其数量或特性,在意外或偶然点燃或引爆后,不会由于迸射、发火、冒烟、发热或巨响而在装置之外产生任何效应。

③ 在①和②中未提及的为产生实际爆炸或烟火效应而制造的物质、混合物和物品。

2. 易燃气体

易燃气体是在 20 ℃ 和 101.3 kPa 标准压力下,与空气有一定易燃范围的气体。

3. 易燃气溶胶

气溶胶是指气溶胶喷雾罐,系任何不可重新罐装的容器,该容器由金属、玻璃或塑料制成,内装强制压缩、液化或溶解的气体,包含液体、膏剂或粉末,配有释放装置,可使所装物质喷射出来,形成在气体中悬浮的固态或液态微粒,或形成泡沫、膏剂或粉末,或处于液态或气态。

4. 氧化性气体

氧化性气体是一般通过提供氧气,或其他比空气更能导致或促使其他物质燃烧的任何气体。

5. 压力下气体

压力下气体是指高压气体在压力等于或大于 200 kPa(表压)下

装入贮存器的气体,或是液化气体、冷冻液化气体。

压力下气体包括压缩气体、液化气体、溶解液体、冷冻液化气体。

6.易燃液体

易燃液体是指闪点不高于 93 ℃的液体。

7.易燃固体

易燃固体是容易燃烧或通过摩擦可能引燃或助燃的固体。

易于燃烧的固体为粉状、颗粒状或糊状物质,它们与燃烧着的火柴等火源短暂接触即可点燃或火焰迅速蔓延,都非常危险。

8.自反应物质或混合物

(1)自反应物质或混合物指即使没有氧气(空气)也容易发生激烈放热分解的热不稳定液态或固态物质或者混合物,不包括根据统一分类制度分类的爆炸物、有机过氧化物或氧化物质的物质和混合物。

(2)自反应物质或混合物如果在实验室中试验,其组分容易起爆、迅速爆燃或在封闭条件下加热时显示剧烈效应,应视为具有爆炸性质。

9.自燃液体

自燃液体是即使数量小也能与空气接触后 5 分钟之内引燃的液体。

10.自燃固体

自燃固体是即使数量小也能与空气接触后 5 分钟之内引燃的固体。

11.自热物质和混合物

自热物质是发火液体或固体以外,与空气反应不需要能源供应就能够自己发热的固体或液体物质或混合物。这类物质或混合物与发火液体或固体不同,它们只有数量很多(公斤级)并经过长时间(几小时或几天)与空气接触才会燃烧。

注意:物质或混合物的自热导致自发燃烧是由于物质或混合物与氧气(空气中的氧气)发生反应并且所产生的热没有足够迅速地传导到外界而引起的。当热产生的速度超过热损耗的速度而达到自燃温度时,自燃便会发生。

12.遇水放出易燃气体的物质或混合物

遇水放出易燃气体的物质或混合物通过与水作用,容易具有自燃性或放出危险数量的易燃气体的固态或液态物质或混合物。

13.氧化性液体

氧化性液体是本身未必燃烧,但通常因放出氧气可能引起或促使其他物质燃烧的液体。

14.氧化性固体

氧化性固体是本身未必燃烧,但通常因放出氧气可能引起或促使其他物质燃烧的固体。

15.有机过氧化物

(1)有机过氧化物是含有二价-O-O-结构的液态或固态有机物质,可以看作是一个或两个氢原子被有机基替代的过氧化氢衍生物,也包括有机过氧化物配方(混合物)。有机过氧化物是热不稳定物质或混合物,容易放热自加速分解。另外,它们可能具有下列一种或几种性质:

① 易于爆炸分解;

② 迅速燃烧;

③ 对撞击或摩擦敏感;

④ 与其他物质发生危险反应。

(2)如果有机过氧化物在实验室试验中,在封闭条件下加热时组分容易爆炸、迅速爆燃或表现出剧烈效应,则可认为它具有爆炸性质。

16.金属腐蚀剂

指腐蚀金属的物质或混合物,是通过化学作用显著损坏或毁坏金属的物质或混合物。

三、危险化学品的危害性

危险化学品的危害性主要包括危险化学品的活性与危险性、燃烧性、爆炸性、毒性、腐蚀性和放射性。

由于具有上述特性,因此,危险化学品大量排放或泄漏后,可能引起火灾、爆炸,造成人员伤亡,可污染空气、水、地面和土壤或食物,同时可以经呼吸道、消化道、皮肤或黏膜进入人体,引起群体中毒甚至死亡事故发生。总之,危险化学品事故是一种或数种物质释放的意外事件或危险事件。

1.危险化学品的活性与危险性

许多具有爆炸特性的物质其活性都很强,活性越强的物质其危险性就越大。

2.危险化学品的燃烧性

压缩气体和液化气体、易燃液体、易燃固体、自燃物品和遇湿易燃物品、氧化剂和有机过氧化物等均可能发生燃烧而导致火灾事故。

3.危险化学品的爆炸性

除了爆炸品之外,可燃性气体、压缩气体和液化气体、易燃液体、易燃固体、自燃物品、遇湿易燃物品、氧化剂和有机过氧化物等都有可能引发爆炸。

4.危险化学品的毒性

许多危险化学品可通过一种或多种途径进入人的机体,当其在人体达到一定量时,便会引起机体损伤,破坏正常的生理功能,引起中毒。

5.危险化学品的腐蚀性

强酸、强碱等物质接触人的皮肤、眼睛或肺部、食道等时,会引起表皮组织破坏而造成灼伤。内部器官被灼伤后可引起炎症,甚至会造成死亡。

6.危险化学品的放射性

放射性危险化学品可阻碍和伤害人体细胞活动机能并导致细胞死亡。

四、危险化学品对人员的伤害

危险化学品对人员的伤害包括因危险化学品所致的各类职业病及因危险化学品所致的急性中毒、窒息及死亡等事故,具体表现如下。

1. 致尘肺病

有的固体危险化学品在形成粉尘并分散于环境空气中时,作业人员长期吸入会引起尘肺病,如铝尘可引起铝尘肺。

2. 致职业中毒

绝大多数危险化学品,不仅是毒性物质,而且多数爆炸品、易燃气体、易燃液体、易燃固体、氧化物和有机氧化物都能导致作业人员产生职业中毒。

职业中毒可分为急性中毒和慢性中毒。其中毒表现各有不同:有的是致神经衰弱综合征表现;有的是致呼吸系统的刺激症状,表现为气管炎、肺炎或肺水肿;还有的是致中毒性肝病或中毒性肾病;也有的对血液系统有损伤,出现溶血性贫血、白细胞减少、血红蛋白变性,如高铁血红蛋白、碳氧血红蛋白、硫化血红蛋白而导致组织缺氧、窒息;还有的能对消化系统、泌尿系统、生殖系统等造成损伤。

3. 致化学灼伤或烧伤

化学灼伤是最常见、最普遍发生的化学风险之一。它是指人体分子、细胞或皮肤组织由于受到化学品的刺激或腐蚀,部分或全部遭到破坏。当人的眼睛或皮肤接触到具有腐蚀性或刺激性的危险化学品时,就会引起化学灼伤。主要有六类化学品易造成化学灼伤:酸、碱、氧化剂、还原剂、添加剂与溶剂。

危险化学品事故现场常发生爆炸和燃烧,因此,伤员往往出现烧伤情况,并且常伴有复合伤。

4. 致放射性疾病

放射性物质可导致各种放射性疾病。在《职业病目录》中,列入职业病名单的放射性疾病有 11 种,都是由放射性射线引起的。

5. 致职业性皮肤病

职业性皮肤病包括接触性皮炎、光敏性皮炎等八种皮肤病,其中除电光性皮炎外,其他七种职业性皮肤病都可能由危险化学品所致。因此,危险化学品对皮肤的危害必须引起足够的重视。

6. 致职业性肿瘤

在《职业病目录》中我国列入法定职业病的职业性肿瘤有八种。

每种职业性肿瘤都是由危险化学品所致。目前已由试验证实或职业流行病学调查资料提示，还有许多危险化学品具有致癌性，如甲醛等。

7. 生物因素所致职业病

列入我国法定职业病的生物因素所致职业病有三种：炭疽、森林脑炎、布氏杆菌病，都是由危险化学品第六类的感染性物质所导致。

8. 致职业性眼病

我国法定职业病中的"化学性眼部灼伤""职业性白内障"等是由危险化学品所引起的。

9. 致职业性耳鼻喉口腔疾病

在我国法定的职业性耳鼻喉口腔疾病中，"铬鼻病""牙酸蚀病"是由危险化学品所导致的。

10. 致其他职业病

在我国法定的其他职业病中，"金属烟热""职业性哮喘"和"职业性变态反应性肺泡炎"等是由危险化学品所导致的。

11. 致窒息

窒息性气体可分为两大类：一类为单纯性窒息性气体，如氢气、甲烷、二氧化碳等，这类气体本身毒性很低，但因其在空气中含量高，使氧的相对含量降低，肺内氧分压降低，导致机体缺氧而窒息；另一类为化学性窒息性气体，如一氧化碳、氰化物、硫化氢等，主要危害是对血液或组织产生特殊的化学作用，使血液运送氧的能力和组织利用氧的能力产生障碍，造成全身组织缺氧。

12. 致死亡

危险化学品生产工艺复杂，生产条件苛刻（高温、高压等），在生产中会引起火灾、爆炸等事故。机械设备、装置、容器等爆炸产生的碎片会造成较大范围的危害，冲击波对周围机械设备、建筑物产生破坏作用并造成人员伤亡、急性中毒等事故。若事故现场的中毒、烧伤、窒息伤员得不到及时有效的现场救护，也将导致死亡。

五、危险化学品事故类型

(一)按事故的理化表现分类

从危险化学品事故的理化表现来看,危险化学品事故大体上可划分为八类:火灾、爆炸、泄漏、中毒、窒息、灼伤、辐射事故和其他危险化学品事故。

1. 火灾

危险化学品火灾事故指燃烧物质主要是危险化学品的火灾事故。具体又分为若干小类,包括:易燃液体火灾、易燃固体火灾、自燃物品火灾、遇湿易燃物品火灾、其他危险化学品火灾。易燃气体、液体火灾往往又引起爆炸事故,易造成重大的人员伤亡。由于大多数危险化学品在燃烧时会放出有毒有害气体或烟雾,因此,危险化学品火灾事故中,往往会伴随发生人员中毒和窒息事故。

2. 爆炸

危险化学品爆炸事故指危险化学品发生化学反应的爆炸事故或液化气体和压缩气体的物理爆炸事故。具体包括:爆炸品的爆炸(又可分为烟花爆竹爆炸、民用爆炸装备爆炸、军工爆炸品爆炸等);易燃固体、自燃物品、遇湿易燃物品的火灾爆炸;易燃液体的火灾爆炸;易燃气体爆炸;危险化学品产生的粉尘、气体、挥发物爆炸;液化气体和压缩气体的物理爆炸;其他化学反应爆炸等。

3. 泄漏

危险化学品泄漏事故主要是指气体或液体危险化学品发生了一定规模的泄漏,虽然没有发展成为火灾、爆炸或中毒事故,但造成了严重的财产损失或环境污染等后果的危险化学品事故。危险化学品泄漏事故一旦失控,往往造成重大火灾、爆炸或中毒事故。

4. 中毒

危险化学品中毒事故主要指人体吸入、食入或接触有毒有害化学品或者化学品反应的产物,而导致的中毒事故。具体包括:吸入中毒事故(中毒途径为呼吸道);接触中毒事故(中毒途径为皮肤、眼睛等);误食中毒事故(中毒途径为消化道);其他中毒。

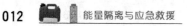

5. 窒息

危险化学品窒息事故主要指危险化学品对人体氧化作用的干扰,主要是人体吸入有毒有害化学品或者化学品反应的产物而导致的窒息事故,分为简单窒息(周围氧气被惰性气体代替)和化学窒息(化学物质直接影响机体传送氧以及和氧结合的能力)。

6. 灼伤

危险化学品灼伤事故主要指腐蚀性危险化学品意外地与人体接触,在短时间内即在人体被接触表面发生化学反应,造成明显破坏的事故。腐蚀品包括酸性腐蚀品、碱性腐蚀品和其他不显酸碱性的腐蚀品。

7. 辐射

辐射事故是指具有放射性的危险化学品发射出一定能量的射线对人体造成伤害。放射性污染物主要指各种放射性核素,其放射性与化学状态无关。其放射性强度越大,危险性就越大。人体组织在受到射线照射时,能发生电离。如果人体受到过量射线的照射,就会产生不同程度的损伤。

8. 其他

其他危险化学品事故指不能归入上述七类危险化学品事故之外的其他危险化学品事故,如危险化学品罐体倾倒、车辆倾覆等,但没有发生火灾、爆炸、中毒和窒息、灼伤、泄漏等事故。

(二)按危险化学品的类型分类

1. 爆炸品事故

指爆炸品在外界作用下(如受热、受摩擦、撞击)发生了剧烈的化学反应,瞬时产生大量的气体和热量,使周围压力急骤上升发生爆炸,对周围环境造成破坏的事故。

2. 压缩气体和液化气体事故

压缩气体和液化气体事故,可以分为以下三类:

(1)一般压缩气体与液化气体均盛装在密闭容器中,如果受到高温、日晒,气体极易膨胀产生很大的压力。当压力超过容器的耐压强度时就会造成爆炸事故。

（2）易燃气体与空气能形成爆炸性混合物，遇明火极易发生燃烧爆炸。

（3）具有毒性、腐蚀性、刺激性、致敏性的易燃气体进入空气后容易造成中毒事故、灼伤事故、窒息事故等。

3. **易燃液体事故**

易燃液体事故，可以分为以下两类：

（1）易燃液体在密闭容器储存时，常常会出现鼓桶或挥发现象，如果体积急剧膨胀就会引起爆炸。

（2）易燃液体易形成火灾爆炸事故，一是由于其蒸气与空气的混合物遇明火形成的，二是由于其自身电荷的积聚产生的，而且火灾爆炸事故还会随着液体的流动扩散蔓延。

4. **易燃固体、自燃物品和遇湿易燃物品事故**

易燃固体、自燃物品和遇湿易燃物品事故，主要是火灾事故，一些易燃固体还会发生燃烧爆炸事故；一些易燃固体和遇湿易燃物品还有较强的毒性和腐蚀性，容易发生中毒和灼伤事故。

5. **氧化剂和有机过氧化物事故**

容易形成火灾爆炸事故，同时一些氧化剂和有机过氧化物还有较强的毒性和腐蚀性，容易发生中毒和灼伤事故。

6. **毒害性物品事故**

毒害性物品易扰乱或破坏人或动物机体的正常生理功能，引起机体产生暂时性或持久性的病理状态，甚至危及生命，使人感到神经麻痹、头晕昏迷，如农药、硫化氢等。

7. **放射性物品事故**

在极高剂量的放射线作用下，能造成三种类型的放射伤害：

（1）对中枢神经和大脑系统的伤害。这种伤害主要表现为虚弱、倦怠、嗜睡、昏迷、震颤、痉挛，可在两天内死亡。

（2）对肠胃的伤害。这种伤害主要表现为恶心、呕吐、腹泻、虚弱和虚脱，症状消失后可出现急性昏迷，通常可在两周内死亡。

（3）对造血系统的伤害。这种伤害主要表现为恶心、呕吐、腹泻，但很快能好转，经过 2～3 周无症状之后，又出现脱发症状，经常性流鼻血,再出现腹泻,极度憔悴,通常在 2~6 周后死亡。

8.腐蚀性物品事故

腐蚀性物品易引起皮肤、眼睛的严重腐蚀、灼伤,造成溃疡糜烂,严重者会危及生命,如硫酸、氨水、烧碱等。

第三节　电能意外释放及危害

发生触电事故时,电流通过人体,对人所造成的各种伤害叫做触电伤害。由于电流的大小不同、通过人体的时间不同以及电流转换成能量形式的不同,触电对人体所造成的伤害形式也不相同。

一、触电伤害的形式

1.电击

当电流通过人体,人体直接接收体外电能时,人体内部组织受到不同程度的伤害,影响呼吸、心脏及神经系统的正常功能,直至危及生命的伤害叫电击。

按照发生电击时电气设备的状态,电击可分为直接接触电击和间接接触电击。

直接接触电击是触及设备和线路正常运行时的带电体发生的电击,也称为正常状态下的电击。

间接接触电击是触及正常状态下不带电,而当设备或线路出现故障时意外带电的导体发生的电击。

按照人体触及带电体的方式和电流通过人体的途径,电击可分为三种形式:

(1)单相电击:在地面或其他接地导体上,人体某一部位触及一相带电体的触电事故。

大部分电击事故都是单相电击事故。单相电击的危险程度与带电体电压高低、人体电阻、鞋和地面状态有关,也与人体距接地点的距离以及配电网对地运行方式有关。海洋石油平台及各种船只上出现的电击事故基本上属于单相电击。

(2)两相电击:人体两处同时触及同一电源任何两相带电体而发生的事故。

两相电击的主要危险主要取决于带电体之间的电压和人体电阻,其危险性比较大,漏电保护装置对两相电击起不到保护作用。

(3)跨步电压电击:人体进入带电地面的区域时,两脚之间承受的电压称为跨步电压。

在高压故障接地处,或有大量电流通过的接地装置附近都可能出现较高的跨步电压。跨步电压的大小与接地点的远近、地下导体分布情况、接地电流大小、鞋和地面特征、两脚之间的跨距、两脚的方位等因素有关。

2.电伤

电伤是由电流的热效应、化学效应、机械效应等因素对人体造成的伤害。

触电事故中,纯电伤性质的及带有电伤性质的事故约占75%(电烧伤约占40%)。尽管大约85%以上的触电死亡事故是电击造成的,但其中大约70%的事故含有电伤成分。对于专业电工的安全而言,预防电伤具有更加重要的意义。伤害主要有以下几种。

(1)电烧伤:是电流的热效应造成的伤害,可分为电流灼伤和电弧烧伤。

① 电流灼伤是人体与带电体接触,电流通过人体由电能转换为热能造成的伤害。电流灼伤一般发生在低压设备或低压线路上,是人体与带电体之间发生电弧,有电流通过人体的烧伤。

② 电弧烧伤是由弧光放电造成的伤害,可分为直接电弧烧伤和间接电弧烧伤。它是电弧发生在人体附近对人体的烧伤,包括熔化了的炽热金属溅出造成的烫伤。直接电弧烧伤是与电击同时发生的。

电弧温度高达8000 ℃以上,可造成大面积、大深度的烧伤,甚至烧焦、烧掉四肢及其他部位。大电流通过人体可将机体组织烘干、烧焦。发生直接电弧烧伤时,电流进、出口位置的烧伤最为严重,体内也会受到伤害。与电击不同的是,电弧烧伤会在人体表面留下明显痕迹,而且致命电流较大。

(2)皮肤金属化:是在电弧高温作用下,金属熔化、气化,金属微粒渗入皮肤,使皮肤粗糙而张紧的伤害。皮肤金属化多与电弧烧伤同时发生。

(3)电烙印:是在人体与带电体接触的部位留下的永久性斑痕。斑痕处皮肤失去原有弹性、色泽,表面皮肤坏死,失去知觉。

(4)机械性损伤:是电流作用于人体时,由于中枢神经反射、肌肉强烈收缩、体内液体气化等作用导致的机体组织断裂、骨折等伤害。

(5)电光性眼炎:是发生弧光放电时,红外线、可见光、紫外线对眼睛的伤害。电光性眼炎表现为角膜炎或结膜炎。

二、电流对人体的危害

1.电流对人体伤害的机理

电流通过人体时破坏人体内细胞的正常工作,主要表现为生物学效应。

电流的生物学效应主要表现出以下几种现象:

(1)使人体产生刺激和兴奋行为。

(2)使人体活的组织发生变异,从一种状态变为另外一种状态。

(3)电流通过肌肉组织,引起肌肉收缩。

(4)破坏人体生物电的正常规律,使人受到伤害。

(5)电流通过人体产生热量,使血管、神经、心脏、大脑等器官因为热量增加而导致功能障碍。

(6)电流通过人体,引起机体内液体物质发生离解、分解导致破坏。

(7)使机体各组织产生蒸汽,乃至发生剥离、断裂等严重破坏。

2.电流对人体伤害的典型征象

(1)电流通过人体,引起麻感、针刺感、压迫感、打击感、痉挛、疼痛、呼吸困难、血压异常、昏迷、心律不齐、窒息、心室颤动和烧伤。较为严重的现象如心室颤动。发生心室颤动时心脏每分钟颤动1000次以上,但幅值很小,而且没有规律,血液实际上已终止循环,这是最危险的现象。无论是电流通过心脏直接作用于心肌还是电击其他部位通过中枢神经系统反射作用于心肌,都可以引起心室颤动。

(2)电流作用于心肌,使心肌发生痉挛,使人感到呼吸困难。电流越大,感觉越明显,如果时间较长,将发生憋气、窒息等呼吸障碍。窒息后,意识、感觉、生理反射相继消失,继而呼吸终止,稍后即发生心室颤动或心脏停止跳动。

(3)电休克。机体受到电流的强烈刺激后,神经系统强烈的反射作用使血液循环、呼吸及其他新陈代谢发生障碍,以至于出现血压急剧下降、脉搏减弱、呼吸衰竭、神志昏迷的现象。电休克可以延续数十分钟到数天。其后果可能是痊愈,也可能由于重要生命机能完全丧失而死亡。

三、电流对人体的影响因素

电流通过人体时可以对人造成多种危害,但是不同的人、不同的时间、地点与同一根导线的接触,后果是大不同的。电流对人体的作用受许多因素的影响。从事海洋石油行业电工作业的人员必须了解电流对人体影响的因素和对触电伤员的急救规律,从而有效地预防和应对触电伤害。

1. 对人体的影响

(1)心律

心脏在正常状态下有节奏地进行收缩与舒张,以完成血液循环。当心脏处于收缩状态时,电流通过心脏发生心室颤动的可能性较小。当心脏完成收缩向舒张过渡时的 T 波(收缩与舒张间大约间隔 0.2 s)时,是产生心室颤动的阶段。

(2)人体电阻

人体中皮肤的电阻比较高,肌肉、脂肪的电阻比较低。在干燥条件下,人体电阻约为 $1000\sim3000\ \Omega$。当皮肤潮湿、损伤或沾有导电的粉尘时,人体的电阻会下降。在潮湿条件下,人体电阻约降低为干燥条件下的 1/2。

(3)电流通过人体的途径

电流流过人体途径的不同,对人体的伤害程度也不同。电流通过头部会使人立即昏迷,甚至死亡;电流通过中枢神经,会引起中枢神经强烈失调,造成窒息导致死亡;电流通过心脏,可以使心脏骤停;电流通过脊髓,可以导致半截肢体瘫痪。另外,电流流经人体部位的不同,导致通过心脏的电流也不相同,对人体的危害程度也不同,具体见表1-1。

表 1-1 电流流经人体途径不同导致通过心脏电流的情况

电流流经人体途径	通过心脏电流为总电流的比率
手—手	3.3%
左手—脚	6.7%
右手—脚	3.7%
脚—脚	0.4%

由上表可见,电流流经人体的部位不同,对人体心脏的影响有很大的不同。

2. 电流的影响

(1)电流大小的影响

通过人体的电流越大,人的生理反应越明显,引起心室颤动所用的时间越短,致命的危险性越大。按照人体呈现的状态,可把预期通过人体的电流分为感知电流、摆脱电流和室颤电流(致命电流)三个级别。

① 感知电流:电流流过人体,可以引起感觉的最小电流。成年男子的平均感知电流为 1.1 mA,成年女子约为 0.7 mA。感知电流一般不会对人体构成伤害,但当电流增大时,感觉增强,反应加剧,可能导致坠落等间接事故。

② 摆脱电流:人触电后能自行摆脱带电体的最大电流。摆脱电流与个体生理特征、电极形式、电极尺寸等因素有关。摆脱概率为 50% 时,成年男子的摆脱电流约为 16 mA,女子约为 10.5 mA;摆脱概率为 99.5% 时,成年男子和女子的摆脱电流约为 9 mA 和 6 mA。

　　摆脱电流是人体可以忍受但一般尚不至于造成不良后果的电流。电流超过摆脱电流后，人会感到异常痛苦、恐慌和难以忍受，如时间过长，则可能昏迷、窒息，甚至死亡。因此，摆脱电流是触电电流危险的界限。

　　③ 室颤电流：通过人体引起心室发生纤维性颤动的最小电流，也可认为是在短时间内危及生命的最小电流。室颤电流与电流持续时间、电流途径、电流种类等电气参数有关，同时与机体组织、心脏功能等个体生理特征有关。

　　(2)电流持续时间的影响

　　电流持续时间越长，电击危险性越大。影响主要有以下方面：

　　① 电流持续时间越长，则体内积累局外电能越多，伤害越严重，表现为室颤电流减小。

　　② 心脏收缩与舒张之间约 0.2 s 的 T 波是心脏易损期（易激期），电击持续时间延长，必然重合心脏易损期，电击危险性加大。

　　③ 随着电击持续时间延长，人体电阻由于出汗、击穿、电解而下降，如触电电压不变，流经人体的电流必然增加，危险性加大。

　　④ 当电流持续时间超过心脏搏动周期时，人的室颤电流为 50 mA。当电流持续时间短于心脏搏动周期时，人的室颤电流则可增大为数百安培。在心脏易损期，电流持续时间在 0.1 s 以下时，500 mA 的电流即可因为室颤导致心脏停止跳动。

　　⑤ 电击持续时间越长，中枢神经反射越强烈，电击危险性加大。

　　(3)电流种类的影响

　　不同种类的电流对人体伤害的构成不同，危险程度也不同。直流电流和高频电流的电击危险性比工频电流的危险性小，但烧伤程度比工频电流严重。

　　电流对人体影响的因素虽然是通过几个独立的概念所表示，但是它们是相互关联的，是随着客观情况的变化而变化的。如，一台输出电压为 70 V 的手提式电焊机，在一般情况下人体电阻值约为 3000 Ω，如果发生触电事故，通过人体的电流根据欧姆定律为

$$70/3000 = 0.023 \text{ A} = 23 \text{ mA}$$

为安全电流。

但是随着环境的改变（船舱内高温、潮湿），会使作业人员出汗造成身体潮湿，使得人体电阻值由 3000 Ω 下降为 1000 Ω，那么此时通过人体的电流为

$$70/1000 = 0.07 \text{ A} = 70 \text{ mA}$$

超过了摆脱电流，处于不安全状态。

总之，触电对人的伤害是严重的并且是变化的，海洋石油行业的电气工作人员，尤其是海上人员，应了解触电的伤害形式，懂得触电对人体伤害的因素，积极防止触电事故的发生，从根本上保证人员安全及海上石油设施的安全生产。

第二章 预防能量意外释放

第一节 预防能量意外释放措施

目前,在工业生产过程中,从工程技术和管理两个方面预防能量意外释放。在工程技术方面,采用冗余、锁闭、封闭等方式防止能量意外释放。在管理方面,通过建立作业程序和规范性文件,建立作业许可制度等方式,对能量意外释放进行管控。

一、隔离锁定法

通过对设备操作系统锁定并悬挂警示标签,使正在维修或工作中的设备、输送管线不能被随意改变工作状况,预防事故的发生。

上锁挂签仅能防止误操作,对于蓄意的破坏行为,并不能产生作用。

二、封堵法

在维修过程中,为防止管线内物质进入维修区域,将管线连接处拆开,并用盲板加以封堵。

第二节 能量隔离

能量隔离指将阀件、电气开关、蓄能配件等设定在合适的位置或借助特定的设施使设备不能运转或能量不能释放,包括机械隔离和电气隔离。作业中涉及转动设备等机械能量、电气设备时,还要进行相应的机械隔离和电气隔离,并且隔离完成后在隔离点挂牌上锁。

在有放射源的受限空间内作业,作业前对放射源进行屏蔽或移除处理。

操作人员对所有隔离点进行确认,确认项目包括对挂牌上锁执行情况的确认、隔离有效性的确认。

一、能量隔离的要点

1. 能够识别哪些作业需要能量隔离

(1)所有非日常作业都必须申领作业许可证。

(2)作业许可证签发人与执行人就拟进行的作业进行了充分的沟通。

(3)作业许可证签发人和隔离执行人熟悉本设施的设备和工艺流程。

2. 能量隔离的方法和实施对象准确无误

(1)隔离只由经过专门培训的,通过考试的,并取得授权的"隔离员"来实施。

(2)电气隔离由授权的电气"隔离员"实施。

(3)在完成隔离后,要对被隔离对象进行验证,以确保所实施的隔离准确无误。

二、隔离方法、位置及验证

1. 隔离方法

(1)移除管线,加盲板。

(2)切断双阀门,打开双阀之间的导淋。

(3)切断电源或对电容器放电。

(4)退出物料,关闭阀门。

(5)实施辐射隔离,距离间隔。

(6)进行锚固、锁闭或阻塞。

2. 隔离位置

隔离位置主要有以下方面(图 2-1):

(1)电隔离需在总电源处实施。

(2)管线隔离最好用堵板,双阀门加阀门间排空也可,一般不可用单阀门隔离。

图 2-1　隔离位置

（3）管线上动火/进入密闭空间作业,必须在距作业点最近处,用堵板或折断方法隔离所有进出管线。

3．隔离验证

（1）能量是否继续存在

释放设备中残留的能量,包括以下方面:

① 电容中所储存的电能;

② 液压系统中所储存的能量;

③ 残留的化学药品;

④ 设备中机械部件所储存的势能。

（2）作业期间所实施的能量隔离不会被误打开

① 可能被误打开的隔离要上锁挂签,标签上应写明隔离实施人的姓名、隔离实施的时间及实施隔离的原因;

② 执行作业的人员需在隔离上加上自己的锁具,以避免在作业

期间,隔离被他人解除;

③上锁挂签。

三、隔离程序

1.上锁

在设备的控制处上锁,主要是选择开关、控制按键、阀门等位置,如图 2-2 所示。

图 2-2　上锁

2.挂牌

在上锁位置或盲板位置,悬挂警示牌,告知其他人员,避免误操作,如图 2-3 所示。

3.隔离锁定工作程序

为确保隔离锁定的有效性,生产单位应建立隔离锁定管理制度,规范隔离锁定程序,明确隔离锁定过程中的人员职责,建立相关的作业许可制度。在隔离锁定作业中的作业程序应包括以下内容:

(1)明确需要检修的设备以及关联设施。

(2)明确设备目前状态。

图 2-3　挂牌

（3）确定锁定位置，进行锁定挂牌。

（4）确认设备已经锁定，不能被误操作。

（5）开始检修作业。

4. 能量隔离的要点

（1）解除隔离时要确保所有参与作业的人员已处于安全位置，设备已处于安全状态，并且工具材料已经清理。

（2）只有在隔离执行人对现场进行了检查，并且关闭了隔离证书之后，才能解除隔离。

5. 工艺隔离程序相关说明

（1）长期隔离：在作业许可证取消后仍然存在，并记录为"长期隔离"的隔离。

（2）绝对工艺隔离：将要隔离的设备和所有潜在危险源之间断开，例如移走一段管子后装上盲板法兰。插入带柄无孔盲板、管线盲板或眼镜盲板，其规格应能保证承受管线设计压力和温度的影响，也就是能够阻隔流体的流动。

（3）双阀门隔离：关闭管线上的两个隔断阀，并排放两个阀门之间管段内的介质，而且该阀门应是专为此设计的。

(4)盲板:流体的物理阻塞物。其设计特性与盲板所要插入的设备、装置和/或系统的设计特性相同。如带柄无孔盲板、眼镜盲板或管线盲板。

(5)隔离证:为安全地进行一项任务把所需要的所有隔离记录在一个文件里。隔离证的控制和使用在工作许可程序中有描述。

(6)隔离员:被授权界定、实施和记录工艺隔离活动的人员。

(7)许可证签发人(与隔离有关的特定职责):负责正确地识别和界定工艺隔离规范的人。

6.工艺隔离程序的职责

(1)在进行由作业许可程序和隔离程序控制的作业中,一个人可以承担一项以上的职责。例如:如果接受了必要的培训和授权,许可证执行人和隔离员可以由同一个人来承担。

(2)设施经理以书面的形式授权指定合格的许可证签发人、许可证执行人、隔离员及授权气体检测员,来履行他们在作业许可程序和隔离程序中的职责。

7.工艺隔离相关人员的职责

(1)许可证签发人的职责

① 确保只由经过批准的人履行隔离员的职责,并对隔离员的能力向设施经理提出建议。

② 确保对隔离的识别、隔离的实施、隔离的去除以及隔离安全措施都符合公司程序的要求。

③ 参与风险评估或担当风险评估记录表的审核人。

④ 批准所有的工艺隔离。

⑤ 负责每周对长期隔离作一次审查。

⑥ 控制所有与隔离相关的锁定装置和标签。

(2)执行人的职责

① 负责在开始作业前核实工艺隔离是否按照隔离程序的要求实施。

② 负责对作业现场进行检查,以确保所有的作业都是按照作业许可证上的要求进行的。

8.工艺隔离基本原则

(1)所有隔离都是由作业许可程序和隔离程序来控制的。

(2)工艺隔离选择图将作为确定隔离方法或类型的基础。

(3)如果严格地执行了审核机制,那么与工艺隔离选择图有所偏离是允许的。

(4)在任何时候要采用不同于工艺隔离选择图的隔离方法时,其风险评估的结果必须表明这种隔离方法仍然可以达到相同的安全保护程度。

(5)在没有其他办法能够提供安全的作业方法时,为了给隔离工作创造安全的工作环境,即使关断整个设施也会得到管理层的支持。

(6)人员进入容器或舱内时,不能依靠将阀门关闭的隔离手段。

9.隔离与隔离证注意事项

(1)如果需要进行隔离,在完成每项隔离后,隔离员和授权电工把隔离的详细情况,包括隔离实施的日期时间等填写在隔离证上,并在相应的"实施"栏内签名。

(2)此隔离证必须与最初的作业许可证以及后续的、使用相同隔离的许可证相互参照。

(3)所有的隔离证都要登记在由许可证签发人保管在控制室里的隔离证登记簿上。

(4)如作业许可程序所述,签发隔离证是作业许可程序必不可少的一步。

(5)在许可证签发之前就要准备好隔离证,并且保持生效,一直到作业许可证被签字取消以后。只有当许可证签发人在隔离证"取消"一栏中签字后,隔离证方可被取消。

(6)当需要隔离时,许可证签发人、隔离员和授权电工必须完全了解将要在上面作业的设备、装置和系统以及每个作业许可证控制下的作业范围。

(7)必须在工艺和仪表流程图(P&ID)上对隔离点进行标识,并到现场对照进行核实,以确保对隔离点的识别准确无误。

(8)当所有的隔离被实施后,许可证签发人在隔离证的"签发"一栏内工整地写上日期和时间,并签上姓名。许可证签发人将隔离证的编号填写在作业许可证上,并在作业许可证"准备"部分的"有效"一栏打钩,然后签上姓名。

(9)为便于许可证签发人方便地查阅,所有隔离证应张贴在中控室内。

10. 隔离识别和保障

(1)每个隔离点都应挂上标有编号的塑料标签和挂锁(如果用到的话)。

(2)当隔离要用到挂锁时,挂锁的钥匙应由许可证签发人来管理。

(3)隔离应当牢靠,以避免被意外去除。

(4)即使隔离做到了牢靠,如果许可证"准备"部分要求"使用个人挂锁",则许可证执行人或具体作业人员仍需按要求挂上个人挂锁。

(5)所有个人挂锁都必须在交接班或倒班时去掉。

(6)在签发许可证之前,应当检查并确认所规定的隔离已经实施且牢靠有效。

11. 边界隔离

当需要在一个设施或系统上进行多项作业时,为使程序更加简便,可考虑对该系统或设施进行全面隔离,然后使用边界隔离。

(1)如果作业许可证是在边界隔离的保护之下,则不需要再为这些许可证分别准备隔离证书。

(2)边界隔离证书应当附上隔离证书及相关的 P&ID 图。

(3)边界隔离相互交叉的隔离点处应当分别挂上各自边界隔离的锁头和标签。

(4)只有当所有作业都完成后才可去除边界隔离。

(5)进入密闭空间的作业不能借用边界隔离证书,必须开具专门的隔离证书。

(6)许可证签发人负责更新边界隔离证上许可证的状态。在准备许可证时,许可证签发人在"准备"部分的"边界隔离"一栏打钩并签字。

(7)许可证签发人负责保管边界隔离的钥匙。

12.试运转批准

有些作业在完工或恢复正常之前,需要进行设备试运转,在这种情况下,必须对试运转进行申请。

(1)试运转需要去除或部分去除所实施的隔离。

(2)试运转将由许可证签发人批准。签发人将分别在许可证和隔离证书的相应位置打钩签字。

(3)许可证签发人在同隔离员对隔离进行审查以后,授权隔离员去除必要的隔离。只有在授权且在隔离证上签署后才可以去除隔离。

(4)许可证签发人负责通知测试区域内可能受到影响的人员,如有必要,暂时终止可能会受影响的作业许可证的签发。

(5)许可证执行人负责采取临时的安全防范措施,比如,在没有护罩的设备周围设置障碍和警示。

(6)许可证签发人在隔离证上需要临时去除的隔离的"临时除去隔离"栏前的"指示"栏内签字,隔离员在"临时除去隔离"栏内签上隔离去除的日期和时间。

(7)当隔离员按要求去除隔离,并将隔离证交给许可证签发人后,即可授权开始测试。

(8)在测试完成后,如果还需继续进行许可证上的工作,则需将去除的隔离恢复到隔离状态。

(9)如需恢复隔离,许可证签发人需在相应的"指示"一栏签字,隔离员在"重新隔离"栏内签上恢复的日期和时间。

(10)当隔离恢复,隔离证交回许可证签发人后,即可授权继续实施许可证所规定工作。

13.解锁

(1)解锁依据先解个人锁后解集体锁、先解锁后解标签的原则进行。

（2）作业人员完成作业后，本人解除个人锁。当确认所有作业人员都解除个人锁后，由属地单位监护人本人解除个人锁。

（3）涉及电气、仪表隔离时，属地单位应向电气、仪表专业人员提供集体锁钥匙，由电气、仪表专业人员进行解锁。

（4）属地单位确认设备、系统符合运行要求后，按照能量隔离清单解除现场集体锁。

（5）当作业部位处于应急状态下需解锁时，可以使用备用钥匙解锁；无法取得备用钥匙时，经属地项目负责人同意后，可以采用其他安全的方式解锁。解锁应确保人员和设施的安全。解锁应及时通知上锁、挂标签的相关人员。

（6）解锁后设备或系统试运行不能满足要求时，再次作业前应重新按规定要求进行能量隔离。

14. 长期隔离

如果因某种原因作业需要终止较长一段时间，但又不能去除隔离，则需遵循"长期隔离"程序。

（1）许可证签发人在许可证"取消"一栏签上名字、日期和时间，在许可证的"隔离证"一栏"LT isol"下打钩，"Init"下签名，在隔离证登记表上注明"长期"。在许可证登记表上注明本许可证被"取消"。

（2）许可证签发人必须每周按照"长期隔离周检清单"中的要求，对每一长期隔离进行实地检查。

（3）包含有长期隔离的隔离证应当与相应经标注的 P&ID 图、隔离风险评估报告（如果做了风险评估的话），以及被取消的许可证复印件一起存档。

第三节　隔离锁定用具

一、挂牌锁定用具

1. 锁具

挂锁是上牌挂锁（LOTO，lock out tag out）的基础，挂锁的选择应根据使用环境和具体的使用情况来决定。

　　不同的使用环境应使用不同种类的挂锁(图 2-4)。

　　(1)塑料挂锁不导电,耐腐蚀,适用于电力系统和腐蚀的环境。

　　(2)钢制挂锁结构坚固耐碰撞。

图 2-4　锁具

2.锁具的使用

(1)线锁,如图 2-5 所示。

图 2-5　线锁

(2)电器柜锁,如图 2-6 所示。

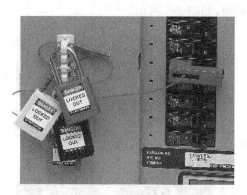

图 2-6　电器柜锁

(3)电气锁,如图 2-7 所示。

图 2-7 电气锁

（4）万用阀门锁，如图 2-8 所示。

图 2-8　万用阀门锁

（5）阀门锁，如图 2-9 所示。

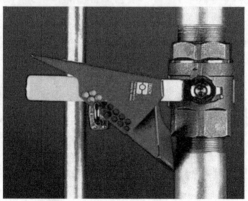

图 2-9　阀门锁

(6)群锁系统,如图 2-10 所示。

图 2-10 群锁系统

3.锁具使用的管理

(1)个人锁和钥匙使用时归个人保管,并标明使用人姓名或编号,个人锁不得相互借用。

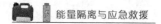

（2）在跨班作业时，应做好个人锁的交接。

（3）防爆区域使用的安全锁应符合防爆要求。

（4）集体锁应集中保管，存放在便于取用的场所。

（5）锁具的选择除应适应上锁要求外，还应满足作业现场安全要求。

（6）"危险！禁止操作"标签除了用于能量隔离点外，不得用于任何其他目的。

（7）"危险！禁止操作"标签应填写清楚上锁理由、人员及时间，并挂在隔离点或安全锁上。

（8）属地单位发现"危险！禁止操作"标签信息不清晰时应及时更换和重新填写信息。

（9）"危险！禁止操作"标签不得涂改或重复使用。

二、盲板抽堵

此处指在设备抢修或检修过程中，设备、管道内存有物料（气、液、固态）及一定温度、压力情况时的盲板抽堵，或设备、管道内物料经吹扫、置换、清洗后的盲板抽堵。

1. 抽加盲板注意事项

（1）抽加盲板工作应由专人负责，按盲板图进行作业，统一编号，做好记录。

（2）负责盲板抽加的人员要相对稳定，确定谁加谁抽。

（3）抽加盲板的作业人员，要进行安全教育，落实安全技术措施。

（4）抽加盲板要考虑防泄漏、防火、防中毒、防滑、防坠落等措施。

（5）拆除法兰螺栓时要以对角方位缓慢松开，防止管道内余压泄放或残余物料喷出；加盲板的位置应在来料阀的后部法兰处，盲板两侧均应加垫片，并用螺栓紧固。

（6）盲板及垫片应具有一定的强度，其材质、厚度要符合技术要求，盲板应留有把柄，并于明显处挂牌标记。

2. 盲板抽堵存在的问题及应对措施

（1）盲板有缺陷

确保盲板材质要适宜；厚度应经强度计算；高压盲板应经探伤合

格;盲板应有一个或两个手柄,便于辨识、抽堵,并选用与之相配的垫片。

(2)危险有害物质(能量)突出

① 在拆装盲板前,应将管道压力泄至常压或微正压;

② 严禁在同一管道上同时进行两处及两处以上抽堵盲目板作业;

③ 气体温度应小于 60 ℃;

④ 作业人员严禁正对危险有害物质(能量)可能突出的方向,做好个人防护。

(3)有明火及其他火源

在易燃易爆场所作业时,作业地点 30 m 内不得有动火作业;工作照明使用防爆灯具;使用防爆工具;禁止用铁器敲打管线、法兰等。

(4)操作失误

① 抽堵多个盲板时,应按盲板位置图及盲板编号,由作业负责人统一指挥;

② 每个抽堵盲板处应设标牌表明盲板位置。

(5)通风不良

① 将门窗打开,加强自然通风;

② 采用局部强制通风。

(6)监护不当

① 作业时应有专人监护,作业结束前监护人不得离开作业现场;

② 监护人应熟悉现场环境,检查确认安全措施落实到位,具备相关安全知识和应急技能,与岗位保持联系,随时掌握工况变化。

(7)应急不足

作业复杂、危险性大的场所,除监护人外,其他相关部门人员应到现场,做好应急准备。

(8)涉及危险作业组合,未落实相应安全措施

如涉及动火、有限空间、高处等危险作业,应同时办理相关作业许可证。

(9)作业条件发生重大变化

若作业条件发生重大变化,应重新办理"抽堵盲板作业证"。

第三章 能量失控事故处置

工业生产中涉及的物料（气体、液化气体、蒸汽介质或者可燃、易爆、有毒、有腐蚀性等介质）如果管理不善、使用不当或者其盛装、输送设备出现缺陷，将会发生泄漏或爆炸事故。工业生产中一旦发生泄漏，轻则造成能源及物料流失，重则引发火灾、中毒和环境污染，导致灾难性事故，不但使生产系统遭到破坏，而且将波及周围环境，破坏附近建筑物和设备，造成严重的人身伤亡及财产损失。因此，泄漏可以看作是工业安全生产的第一杀手。

第一节 泄漏与密封概述

一、泄漏

泄漏与密封是一对共存的矛盾。人们总是希望用先进技术手段建立起来的密封结构能在一定期限，甚至永远不发生泄漏。但事与愿违，在工厂和现实生活中泄漏现象到处可见，给人们带来的麻烦不胜枚举。因此，泄漏与密封一直是人们深入探讨和研究的课题。

凡是存在压力差的隔离物体都有发生泄漏的可能。

广义的泄漏包括内漏和外漏。

内漏是系统内部介质在隔离物体发生的传质现象，一般是不可见的。如管路系统阀门关闭后存在的泄漏和换热器管程、壳程间发生的介质传递就属于内漏。外漏是系统内部介质与系统外部介质在隔离物体时发生的传质现象。本书所说的泄漏均指后者，并严格局限在流体范围内。

本书中的泄漏定义为：隔离物体上出现的传质现象。

对流体来说，泄漏又分为正压泄漏和负压泄漏。正压泄漏是指介质由隔离物体的内部向外部传质的现象。生产领域内发生的泄漏绝大多数属于正压泄漏；负压泄漏是指外部空间介质通过隔离物体向受压体内部传质的一种现象，又称真空泄漏。

二、密封

能阻止或切断介质间传质过程的有效方法统称为密封。

密封原理：采用某种特制的机构，以彻底切断泄漏介质通道、堵塞或隔离泄漏介质通道、增加泄漏介质通道中流体流动阻力的方法建立一个有效的封闭体系，达到无泄漏的目的。

密封可分为静态密封和动态密封（带压堵漏）两大类。

1.静态密封

静态密封是指工业领域经常使用的密封材料、密封元件与相应的密封结构形式相结合，在生产系统处于安装、检修、停产状态下（即没有工艺介质温度、压力等参数条件）建立起来的封闭体系。这种情况下，密封是在静态的条件下实现的，这个封闭体系形成之后才承受密封介质温度、压力、振动、腐蚀等因素的作用。工厂中常见的密封结构多是这种形式的。

2.动态密封（带压堵漏）

动态密封则是指原有的密封结构（包括静态密封技术建立起来的所有密封结构）一旦失效或设备、管道出现孔洞，流体介质正处于外泄的情况下，采用特殊手段所实现的一种密封途径。动态密封技术实现密封的过程中，生产装置及输送管道中介质的工艺参数如温度、压力、流量等均不降低，整个密封结构建立过程始终受到介质温度、压力、振动、腐蚀、冲刷的影响，即是在动态的条件下实现的，最终阻止泄漏，达到重新密封的目的。

第二节　泄漏分类

泄漏发生的部位是相当广泛的，几乎涉及所有的流体输送与储存的物体。泄漏的形式及种类也是多种多样的，按照人们的习惯称呼多为漏气、漏汽、漏风、漏水、漏油、漏酸、漏碱、漏盐以及法兰漏、阀门漏、油箱漏、水箱漏、管道漏、弯头漏、三通漏、四通漏、变径漏、填料漏、螺纹漏、焊缝漏、丝头漏、轴封漏、反应器漏、塔器漏、换热器漏、暖气漏、船漏、车漏、管漏、坝漏、屋漏等。但工业生产中对泄漏的称呼有其特定的含义。

一、按泄漏的机理分类

1. 界面泄漏

指在密封件(垫片、填料)表面和与其接触件的表面之间产生的一种泄漏。

如法兰密封面与垫片材料之间产生的泄漏,阀门填料与阀杆之间产生的泄漏,密封填料与转轴或填料箱之间发生的泄漏等,都属于界面泄漏。

2. 渗透泄漏

指介质通过密封件(垫片、填料)本体毛细管渗透出来的泄漏。这种泄漏发生在致密性较差的植物纤维、动物纤维和化学纤维等材料制成的密封件上。

3. 破坏性泄漏

指密封件由于急剧磨损、变形、变质、失效等因素,使泄漏间隙增大而造成的一种危险性泄漏。

二、按泄漏量分类

1. 液体介质泄漏分为五级

(1)无泄漏。以检测不出泄漏为准。

(2)渗漏。一种轻微泄漏。表面有明显的介质渗漏痕迹,像渗出的汗水一样。擦掉痕迹,几分钟后又出现渗漏痕迹。

(3)滴漏。介质泄漏成水球状,缓慢地流下或滴下,擦掉痕迹,5分钟内再现水球状渗漏者为滴漏。

(4)重漏。介质泄漏较重,连续成水珠状流下或滴下,但未达到流淌程度。

(5)流淌。介质泄漏严重,介质喷涌不断,成线状流淌。

2.气态介质泄漏分为四级

（1）无泄漏。用小纸条或纤维检查为静止状态，用肥皂水检查无气泡者。

（2）渗漏。用小纸条检查微微飘动，用肥皂水检查有气泡，用湿的石蕊试纸检验有变色痕迹，有色气态介质可见淡色烟气。

（3）泄漏。用小纸条检查时飞舞，用肥皂水检查气泡成串，用湿的石蕊试纸测试马上变色，有色气体明显可见者。

（4）重漏。泄漏气体产生噪音，可听见。

三、按泄漏的时间分类

1.经常性泄漏

从安装运行或使用开始就发生的一种泄漏。主要是施工质量或安装和维修质量不佳等原因造成。

2.间歇性泄漏

运转或使用一段时间后才发生的泄漏，时漏时停。这种泄漏是由于操作不稳、介质本身的变化、地下水位的高低、外界气温的变化等因素所致。

3.突发性泄漏

突然产生的泄漏。这种泄漏是由于误操作、超压超温所致，也与疲劳破损、腐蚀和冲蚀等因素有关。这是一种危害性很大的泄漏。

四、按泄漏的密封部位分类

1.静密封泄漏

无相对运动密封副间的一种泄漏。如法兰、螺纹、箱体、卷口等接合面的泄漏。相对而言，这种泄漏比较好治理，并可采用带压堵漏技术进行带压处理。

2.动密封泄漏

有相对运动密封副间的一种泄漏。如旋转轴与轴座间、往复杆与填料间、动环与静环间等动密封的泄漏。这种泄漏较难治理。有些密封泄漏可以采用带压堵漏技术进行处理，前提是必须存在注剂通道而且注入密封注剂后不影响原密封结构的使用。

3. 关闭件泄漏

关闭件(闸板、阀瓣、球体、旋塞、节流锥、滑块、柱塞等)与关闭座(阀座、旋塞体等)间的一种泄漏。这种密封形式不同于静密封和动密封,具有截止、换向、节流、调节、减压、安全、止回、分离等作用,是一种特殊的密封装置。这种泄漏很难治理。

4. 本体泄漏

壳体、管壁、阀体、船体、坝身等材料自身产生的一种泄漏。如砂眼、裂缝等缺陷的泄漏。

在实际中也常按泄漏所发生的部位名称称呼,如法兰泄漏、阀门泄漏、油箱泄漏、水箱泄漏、管道泄漏、弯头泄漏、三通泄漏、四通泄漏、变径泄漏、填料泄漏、螺纹泄漏、焊缝泄漏、丝头泄漏、轴封泄漏、反应器泄漏、塔器泄漏、换热器泄漏、船漏、车漏、管漏、坝漏、屋漏、暖气漏、空调漏、冰箱漏等。

五、按泄漏的危害性分类

1. 不允许泄漏

是指用感觉和一般方法检查不出密封部位有泄漏现象的特殊工况。如极易燃易爆、剧毒、放射性介质以及非常重要的部位,是不允许泄漏的。如核电厂阀门要求使用几十年仍旧完好不漏。

2. 允许微漏

是指允许介质微漏而不至于产生危害的后果。

3. 允许泄漏

是指一定场合下的水和空气类介质存在的泄漏。

六、按泄漏介质的流向分类

1. 向外泄漏

介质从内部向外部空间传质的一种现象。

2. 向内泄漏

外部空间的物质向受压体内部传质的一种现象。如空气和液体渗入真空设备容器中的现象。

3.内部泄漏

密封系统内介质产生传质的一种现象。如阀门在密封系统中关闭后的泄漏等。

七、按泄漏介质种类分类

即按泄漏介质的名称来分类,如漏气、漏汽、漏水、漏油、漏酸、漏碱、漏盐等。

第三节　泄漏介质的物理与化学特性

一、泄漏介质的气味

1.气味的本质

气味是某些挥发性物质刺激鼻腔内的嗅觉神经而引起的感觉。其机理尚未完全探明,但目前有许多有关嗅觉的假说,主要包括以下四种。

(1)振动学说(又名放射学说)

从发出气味的物质到感受到这种气味的人之间,距离远近不同。在这段距离中气味的传播和光或声音一样,是通过振动的方式进行的,当气味对人的嗅觉上皮细胞造成刺激后,人便闻到气味。

(2)化学学说

气味分子从产生气味的物质向四面八方飞散后,有的进入鼻腔,并与嗅细胞的感受膜之间发生化学反应,对嗅觉细胞造成刺激从而使人产生嗅觉。但是也有人认为在这一过程中不是由化学反应,而是由吸附和解吸附等物理化学反应引起的刺激,即所谓"相界学说"。提倡后者学说的人很多,立体结构学说也包括在此范畴之内。

(3)酶学说

该学说认为,气味之间的差别是由气味物质对嗅觉感受器表面的酶丝施加影响形成的。

（4）立体结构学说

认为气味之间的差别是由气味物质分子的外形和大小决定的。

2.气味的分类

气味的种数非常多。有机化学学者认为,在 200 万种有机化合物之中,五分之一的有气味。因此,可以估算有气味的物质大约有 40 万种,包括天然的和合成的,其中非常类似的气味被视为同系列品种。由于没有发出完全相同气味的不同物质,所以气味也是 40 万种左右。曾有学者试图对如此众多的气味进行分类,但由于气味没有尺度可测定,表现方法只能用语言来描述,很不准确,因此分类方法很多。

二、泄漏介质的颜色

颜色是通过眼、脑和人们的生活经验所产生的一种对光的视觉效应。人对颜色的感觉不仅仅由光的物理性质所决定,还受很多其他因素影响,比如人类对颜色的感觉受到周围颜色的影响。有时人们也将物质产生不同颜色的物理特性直接称为颜色。

电磁波的波长和强度有很大的区别。在人可以感受的波长范围内（380～740 nm）,被称为可见光,有时也被简称为光。假如将一个光源各个波长的强度列在一起,就可以获得这个光源的光谱。一个物体的光谱决定这个物体的光学特性,包括它的颜色。不同的光谱可以被人眼接收为同一个颜色。虽然我们可以将一个颜色定义为所有这些光谱的总和,但是不同的生物所看到的颜色是不同的,不同的人所感受到的颜色也是不同的,因此,这个定义是相当主观的。

比如,一个弥散地反射所有波长的光源表面是白色的,而一个吸收所有波长的光源表面是黑色的。

颜色是人对光的感知,黑色就是人对无光的感知,或者说黑色不算是一种真正的颜色。

三、泄漏介质的物态

1.物态变化的定义

物质由一种状态变为另一种状态的过程称为物态变化。

2.物质的固态和液态

物质从固态转换为液态时，这种现象叫熔化，熔化要吸热，比如冰吸热融化成水；反之，物质从液态转换为固态时，这种现象叫凝固，凝固要放热，比如水放热凝固成冰。这些从固态转换为液态的固体又分为晶体和非晶体。晶体有熔点，在温度达到熔点时（持续吸热）就会熔化，熔化时温度不会高于熔点，完全熔化后温度才会上升。非晶体没有固定的熔点，所以熔化过程中的温度不确定。

3.物质的气态与液态

物质从液态转换为气态，这种现象叫汽化。汽化又有蒸发和沸腾两种方式。蒸发发生在液体表面，可以在任何温度进行，是缓慢的。沸腾发生在液体表面及内部，必须达到沸点才会发生，是剧烈的。汽化要吸热，液体有沸点，当温度达到沸点时，温度就不会再升高，但是仍然在吸热。物质从气态转换为液态时，这个现象叫液化，液化要放热。例如水蒸气液化为水，水蒸发为水蒸气。

4.物质的固态和气态

物质从固态直接转换为气态，这种现象叫做升华；物质直接从气态转换为固态，称为凝华，升华吸热，凝华放热。

在发生物态变化时，物体需要吸热或放热。当物体由高密度向低密度转化时，就是吸热；由低密度向高密度转化时，则是放热。而吸热或放热的条件是热传递，所以如果物体不与周围环境存在温度差，就不会产生物态变化。例如0℃的冰放在0℃的空气中不会融化。

物质从固态变为液态，从液态变为气态以及从固态直接变为气态的过程，需要从外界吸收热量；而物质从气态变为液态，从液态变为固态以及从气态直接变为固态的过程中，向外界放出热量。

四、泄漏介质的毒性

1.毒性的定义

毒性是指外源化学物质与机体接触或进入体内的易感部位后，

能引起损害作用的相对能力,或简称为损伤生物体的能力。也可简单表述为,外源化学物在一定条件下损伤生物体的能力。一种外源化学物对机体的损害能力越大,其毒性就越高。外源化学物毒性的高低仅具有相对意义。在一定意义上,只要达到一定的数量,任何物质对机体都具有毒性,如果低于一定数量,任何物质都不具有毒性。毒性的关键是此种物质与机体的接触量、接触途径、接触方式及物质本身的理化性质,但在大多数情况下与机体接触的数量是决定因素。

由药物毒性引起的机体损害习惯称为中毒。大量毒药迅速进入人体,很快会引起中毒甚至死亡,称为急性中毒;少量毒药逐渐进入人体,经过较长时间积蓄而引起的中毒,称为慢性中毒。此外,药物的致癌、致突变、致畸等作用,称为特殊毒性。相对而言,能够引起机体毒性反应的药物称为毒药。

2. 物质的毒性原理

一种是该物质极易与血红蛋白结合,使红细胞无法运输氧气,导致生物体窒息。有这种毒性的物质一般是气态非金属氧化物,例如一氧化碳、一氧化氮、二氧化氮、二氧化硫等。另一种是该物质能够破坏特定的蛋白质中的肽键,改变其化学组成,使蛋白质变性失活,无法发挥正常功能,使生物体的生命活动受到影响,如甲醛、氰化物、砷化物、卤素单质等。

第四节　常用堵漏工具

一、外封式堵漏袋

适用于各类罐体管道泄漏的一种抢修救援工具。

1. 外封式堵漏袋的特点

(1)由高强度橡胶和增强材料复合制成,厚度小于 15 mm,适用于封堵罐状类容器的窄缝状裂口及孔洞。

(2)平面设计,可在狭窄空间使用。抗酸,耐油,化学耐抗性能良好。耐热性达 115 ℃(短期)或 95 ℃(长期)。

(3)由堵漏袋、脚踏气泵组件、充气软管、排气接头、捆绑带组件等套装组成。

2.外封式堵漏袋技术参数

(1)系统工作压力:0.3 MPa。

(2)环境温度:−30~+60 ℃。

(3)充气时间:≤60 s。

(4)背压:≤0.2 MPa。

(5)堵漏包最大工作压力:≤0.4 MPa。

(6)装置总重量:≤10.5 kg。

(7)堵漏包厚度:≤15 mm。

(8)脚踏气泵最大工作压力:≤0.5 MPa。

3.适用封堵范围

(1)直径不大于2.5 m的罐状容器。

(2)裂缝长度小于240 mm的容器。

外封式堵漏袋广泛应用于消防、石化、电力等系统的抢险救援,作为专用堵漏器材,如图3-1所示。

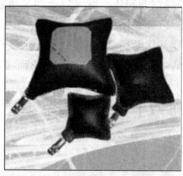

图 3-1　外封式堵漏袋

二、内封式堵漏袋

一种用于有害物质泄漏事故发生后,阻止有害液体污染排水沟渠、排水管道、地下水及河流,且能查出排水管道漏泄位置的应急救援工具。如图 3-2 所示。

图 3-2　内封式堵漏袋

1. 内封式堵漏袋的特点

(1)采用优质天然橡胶加丁苯橡胶和凯夫拉材质混炼而成,承压能力强。

(2)设计合理,重量轻,一个人便可轻松将气袋轻松放入管道内。

(3)密封性强,耐腐蚀性好,使用寿命长。

(4)规格为 DN100～1200 mm,适应性广。

(5)所有内封堵漏气袋均配有快速充气接口,大型号的产品安装两个接口。

(6)灵活性能优越,可弯曲 90°使用。

(7)耐热性达 80 ℃(短期)或 65 ℃(长期),弹性极强。

2.用途

是流体管道内封堵切断的专用产品。

三、小孔堵漏枪

小孔堵漏枪是用于单人快速密封油罐车、储存罐、液柜车裂缝的堵漏设备。

1.小孔堵漏枪的特点

(1)枪头由高强度橡胶和增强材料复合制成。各组件之间用快换接头连接,拆装方便,安全可靠。

(2)对于各类罐体裂缝(范围不大的情况),小孔堵漏枪可以实现单人快速、安全堵漏,无须拉伸带,是理想的小型堵漏工具。

(3)可根据泄漏口的大小和形状,配备四种不同规格尺寸的枪头,如圆锥形、楔形、过渡形等堵漏枪头。

(4)四节密封枪可延伸,有楔形密封袋(适用直径 15～60 mm 裂缝)和圆锥密封袋(适用直径 30～90 mm 漏孔)。

(5)各组件之间用快换接头连接,拆装方便,安全可靠。

(6)采用材料极为柔韧,密封袋设有防滑齿廓,防止脱落。化学耐抗性与耐油性好,耐热性能稳定,可达 85 ℃。

2.小孔堵漏枪技术参数

(1)系统工作压力:0.15 MPa。

(2)环境温度:-30～+60 ℃。

(3)充气时间:≤20 s。

(4)背压:≤0.1 MPa。

(5)枪头最大充气压力:0.16 MPa。

(6)脚踏气泵最大工作压力:≤0.5 MPa。

(7)装置总重量:9 kg。

3.适用封堵范围

本产品用于紧急处置管道、罐体、槽车等发生的小孔介质泄漏应急救援。如图 3-3 所示。

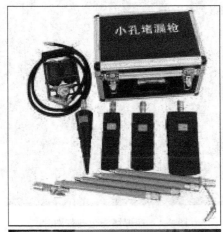

图 3-3　小孔堵漏枪

四、捆绑堵漏包扎带

一种方便快捷的现场管道泄漏专用堵漏密封材料。

1. 捆绑堵漏包扎带的特点

由特殊的弹性材料制作,表层延伸性低,密封面延伸性强。

2. 用途

适用于在地形复杂的狭窄空间内密封直径在 50～480 mm 的管道及圆形容器裂缝的应急救援。如图 3-4 所示。

图 3-4　捆绑堵漏包扎带图片

五、气动法兰堵漏袋

一种罩在泄漏法兰上,局部包裹住管道与法兰,泄漏介质通过引流通道导入安全收集容器内的应急救援工具。

1. 气动法兰堵漏袋的特点

(1)由高强度橡胶和增强材料复合制成,重量轻,便于携带。

(2)化学耐抗性与耐油性好,耐热性能稳定,可达 85 ℃。

2. 气动法兰堵漏袋技术参数

(1)充气时间:30 s。

(2)工作压力:0.15 MPa。

(3)密封压力:0.1 MPa。

(4)空气需求:1.25 L。

(5)额定容积:0.5 L。

(6)长度:90 cm。

(7)外形尺寸:21 cm。

(8)重量:2 kg。

(9)配置:堵漏袋一个、充气管一根、单控器一个、减压阀一个、脚泵一个。

3.用途

是管道法兰泄漏的应急堵漏专用产品。如图 3-5 所示。

图 3-5 气动法兰堵漏袋

六、气动吸盘堵漏器

一种对油罐车、液柜车、大型容器与储油罐的规则平面或曲面泄漏进行带压堵漏的专用工具。

1.气动吸盘堵漏器的特点

(1)由高强度橡胶和增强材料复合制成,重量轻,便于携带。

(2)化学耐抗性与耐油性好,耐热性能稳定,可达 85 ℃。

(3)气动吸盘堵漏器无须任何拉伸带,圆形密封软垫对泄漏部位用真空盘密封的时候,通过排流箱排出液体。

(4)圆形设计能取得最佳排流效果,吸盘直径 50 cm,排流箱直径 20 cm,排流面积 300 cm^2。

(5)真空喷嘴小而结实,真空输入口配有截流器与压力表,用压力显示真空状况。

2.气动吸盘堵漏器的技术参数

(1)最高真空操作压力 0.8 MPa,操作压力 0.1 MPa,需气 200 L/s,重量 5.2 kg。

(2)配置:吸盘一个、排流系统一套、真空系统一套、排流管一根、充气软管一根、截流阀一个、铝合金工具箱一个。

3.用途

气动吸盘堵漏器用于油罐车、液柜车、大型容器与储油罐；也可以对干净的、平滑的、微弧形平面的裂缝进行密封；无须任何拉伸带，主要用于封堵不规则孔洞；气动负压式吸盘可用于输送作业。如图3-6所示。

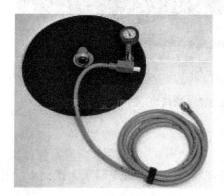

图 3-6　气动吸盘堵漏器

七、螺栓紧固式捆绑带

这是一种通过螺栓紧固使捆绑带拉紧来实现堵漏目的一个工具。如图 3-7 所示。

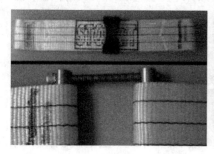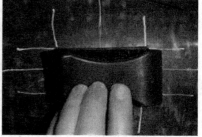

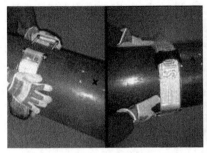

图 3-7　螺栓紧固式捆绑带

第四章 能量失控事故案例及应急救援

化工生产的维修作业中,可能有意外的设备启动、能量导通或者设备储存的能量释放,危害维修或保养人员。如果实施并遵循适当的管线打开、上锁、挂牌程序,将其成为控制潜在危害能量计划的一部分,这些伤亡是可以避免的。据美国职业健康安全管理部门统计,有效的管线打开、上锁挂牌程序每年可以预防120起死亡事故。本章以美国某炼油厂物料泄漏导致的火灾爆炸事故为例,分析管线打开时能量隔离的重要性,以及上锁挂牌等关键步骤在应急救援中的作用。

一、事故概述

美国某炼油厂位于新墨西哥州某市东部 27.4 km,每天处理22000 桶原油。2004 年 4 月 8 日,该炼油厂突然发生物料泄漏,引发火灾和爆炸。事故导致六名员工受伤,全厂员工以及附近的旅游中心和车站的人员全部疏散。炼油烷基化单元的设备和支撑结构损坏,造成 1300 万美元的损失,整套装置直到当年第四季度才恢复。这起事故发生在炼油厂的氢氟酸(HF)催化烷基化装置。氢氟酸是一种有害、有毒、有腐蚀性的化合物,在烷基化工艺中被用作催化剂。幸运的是,在这起事故中,氢氟酸没有大量泄漏。

二、事故经过

事故前一天,烷基化装置操作工准备切换烷基化物再循环泵。在切换备用泵时,操作工发现其不能转动,所以需要进行维修。第二天早上,维修班长指派了一名机械工程师和技工修复备用泵的密封。烷基化装置的操作工准备了工作许可,并告知维修人员。其中用于隔离备用泵设备,进行维修的是一个 1/4 圈旋塞阀。旋塞阀最适于作为切断和接通介质以及分流,但是依据适用的性质和密封面的耐冲蚀性,有时也可用于节流。旋塞阀是通过旋转 90°使阀陀上的通道口与阀体上的通道口相通或分开,实现开启或关闭的一种阀门。旋塞阀的阀陀形状为圆柱形或圆锥形,使用一个阀扳手闭合或打开。关四分之一圈即可停止物料流动。

在进行维修准备工作时,当班操作工凭借阀门扳手的位置,认为泵进口阀是开着的。他把扳手搬到了垂直于阀体的位置,认为已经关闭了阀门。但是实际上该阀门是开着的(图 4-1)。

图 4-1　泵进口阀

操作工在进口阀和出口阀放置了锁链和标识牌,以防止不慎被打开,并指示阀门已经关闭。此台泵需要拆下来送去修理,于是负责修理的技工去取工具。当他回来时,机械工程师告诉他,阀门已被关闭、隔离、标记、上锁,根据该公司的隔离锁定(LOTO)程序,他们可以进行拆泵操作。之后,操作工打开泵的放空管线,以确认泵壳没有压力。

低点排放口因为没有配备阀门来隔离泵体,所以没有使用(图 4-2)。

在将放空管线连接到火炬线后,烷基化汽油从泵壳体流经软管,几秒钟后流空。操作工和维护人员认为泵已完成泄压,于是准备拆

图 4-2 泵进口端放空管线

泵。而实际上,放空管线被堵塞,泵未泄压。在将泵的联轴器和泵壳法兰面的螺栓分别卸下后,由于泵壳体法兰面分离(图 4-3),烷基化汽油突然泄漏,压力为 1.03 MPa,温度为 176 ℃。整个炼油厂都听见了巨大的泄漏咆哮声。

图 4-3 损坏的泵体

修理技工被吹到了旁边的泵上,造成肋骨骨折。物料吹进了机械工程师的眼睛,他来到洗眼站清洗眼睛后快速离开了泵房。操作工的衣服上沾满了喷出的汽油,并迅速被点燃,导致操作工严重烧伤。在泄漏发生 30～45 s 后,爆炸相继发生。该炼油厂的安全员在泄漏发生时距离泄漏点约 100 m。他试图打开一个火灾控制器,朝着泄漏点走去,结果被大火烧伤。其他两名工人从装置中逃离,只是受了轻伤。

三、事故原因分析

1.上锁、挂牌和隔离

虽然机械工程师和操作工对事故泵进行了上锁挂牌,但他们错误地认为该泵已被隔离、泄压。在上锁挂牌之前,他们没有充分确认该泵已被隔离或放空。有效上锁挂牌(LOTO)程序包括按特殊的要求来检测设备,以确定和确认上锁设备、挂牌设备的有效性以及其他能量控制措施。

2.阀门设计

采访操作工发现,他们有时会根据阀门扳手的位置来确定阀门是否打开或关闭。如果扳手是垂直于该阀门方向,它被认为是关闭的。如果扳手平行于阀门方向,它被认为是开启的。从技术上讲,该扳手的目的不是为了表示阀门的位置,因为在阀门阀杆装有位置指示器,用于指示阀门开关(图 4-4)。然而,一些工厂员工经常根据扳手的位置来确定阀门开关,部分原因是扳手比阀杆位置指示器更加明显。

四、能量隔离与应急救援分析

这起火灾爆炸事故有很多原因,但是最直接的原因就是在打开管线执行上锁挂牌程序时,没有有效确认设备已经被隔离、泄压和排空。尽管该公司员工相信泵在被锁定之前已经隔离,但缺乏程序来确认该泵已被隔离、泄压和排空。

从事故描述中可以知道,炼油厂在事故发生前也做了相应的能

图 4-4　阀门位置指示器

量隔离以及上锁挂牌,但是泵的放空管线被堵塞,导致泄压没有实现,所以单纯从挂牌上锁的管理角度出发,未必能避免炼油厂爆炸事故的发生,因为按照上锁挂牌的管理程序进行操作,对放空阀门的堵塞情况无法及时发现。

因此,目前欧美大的化工公司,以及国内石油等单位在企业内执行管线打开管理工作,旨在避免类似于上述炼油厂爆炸事故悲剧的发生。

1.管线打开

所谓管线打开,是指对于高危险物料,在首次打开管线时给予的程序控制,在管线打开、清理、隔离后,再使用一般的工作票(PTW)或特殊 PTW 进行维修过程中的危险控制。

管线打开采取下列方式(包括但不限于)改变封闭管线或设备及其附件的完整性:

(1)拆开法兰;

(2)从法兰上去掉一个或多个螺栓;

(3)打开阀盖或拆除阀门;

(4)调换 8 字盲板;

（5）打开管线连接件；

（6）去掉盲板、盲法兰、堵头和管帽；

（7）断开仪表、润滑、控制系统管线，如引压管、润滑油管等；

（8）断开加料和卸料临时管线（包括任何连接方式的软管）；

（9）用机械方法或其他方法穿透管线；

（10）开启检查孔；

（11）进行微小调整（如更换阀门填料）；

（12）其他。

管线打开实施作业许可，应办理管线打开作业许可证。

2. 管线打开作业前准备

（1）风险评估

申请管线打开作业前，作业单位应针对管线打开进行风险评估，根据风险评估的结果制订相应控制措施。若管线打开作业涉及受限空间作业、高空作业等特殊作业，则还要同时执行特殊作业的管理程序。

（2）安全工作方案

管线打开作业应制订和实施安全工作方案，确保健康、安全与环境管理体系（HSE）有关的全部风险能够消除或得到控制。安全工作方案应在管线打开开始前，由熟悉系统风险的人员制订并由参与管线打开工作的人员评审。安全工作方案应包括下列主要内容：

① 清理计划，应具体描述关闭的阀门、排空点和上锁点等，必要时应提供示意图；

② 安全措施，包括管线打开过程中的保障措施（如冷却、充氮等）和个人防护装备的要求；

③ 必要时，增加预备（应急、救援、监护等）人员的要求和职责；

④ 必要时，制订应急预案；

⑤ 描述管线打开影响的区域，并控制人员进入。

3. 清理

需要打开的管线或设备必须与系统隔离，其中的物料应采用排尽、冲洗、置换、吹扫等方法除尽。清理合格应符合以下要求：

（1）系统温度介于－10～60 ℃之间。

（2）已达到大气压力。

（3）与气体、蒸汽、雾沫、粉尘的毒性、腐蚀性、易燃性有关的风险已降低到可接受的水平。

管线打开前并不能完全确认已无危险，在管线首次打开之后，仍然可能发生事故，因此，在管线打开之前应做以下准备：

（1）确认管线（设备）清理合格。采用凝固（固化）工艺介质的方法进行隔离时应充分考虑介质可能重新流动。

（2）如果不能确保管线（设备）清理合格，如残存压力或介质在死角截留、未隔离所有压力或介质的来源、未在低点排尽和高点排空等，应停止工作，重新制定工作计划，明确控制措施，消除或控制风险。

4.能量隔离

能量隔离的目的是为了防止能量意外释放造成人员伤害或财产损失。能量来源主要指电能、机械能（移动设备、转动设备）、热能（机械或设备、化学反应）、势能（压力、弹簧力、重力）、化学能（毒性、腐蚀性、可燃性）、辐射能等。能量隔离管理就是要将阀件、电气开关、蓄能配件等设定在合适的位置或借助特定的设施使设备不能运转或能量不能释放。

（1）危险能量识别

① 电气危险：在可以通电的导线或元件可能引起人员伤害或财产损失时存在。

② 机械危险：在系统、设备或机器出乎意料地开动，或在系统、设备或机器进行调节、维护或服务时贮存的能量释放，会引起人员伤害和财产损失。

③ 工艺危险：在气体、液体或固体出乎意料地释放，可能引起人员伤害和财产损失。

④ 在进行危险能量识别后，应编制"能量隔离清单"。

（2）上锁、挂牌

根据能量隔离清单，给已完成隔离的隔离点选择合适的锁具，填写"危险！禁止操作"等标识牌，对所有隔离点上锁、挂牌。

上锁分为以下两种方式：

① 单个隔离点的上锁。属地单位监护人和作业单位每个作业人员用个人锁锁住隔离点。

② 多个隔离点的上锁。按下列顺序实施：

a）用集体锁将所有隔离点上锁、挂牌。涉及电气隔离时，属地单位应向电气人员提供所需数量的同组集体锁，由电气专业人员实施上锁、挂牌；

b）将集体锁的钥匙放入锁箱，钥匙号码应与现场安全锁对应；

c）属地单位监护人和作业单位的每个作业人员用个人锁锁住锁箱；

d）作业单位现场负责人应确保每个作业人员都在集体锁箱上上锁；

e）属地单位批准人必须亲自到现场检查确认上锁点，才可签发相关作业许可证。

上锁挂牌程序包括切断和移除设备所有能量，然后上锁并标识。该能量在它被修理、执行设定、保养或排除故障期间不会恢复。上锁用来确保能量隔离装置处于安全的状态，可供上锁的设备一定要上锁。挂牌注明是谁来负责机器或设备处于隔离状态，并警告防止能量再次进入。挂牌同上锁应一并使用。

（3）能量隔离确认与测试

为避免设备设施或系统区域内蓄积的危险能量或物料的意外释放，对所有危险能量和物料的隔离设施均应实施能量隔离、上锁挂牌程序，并测试隔离效果。

① 确认

上锁、挂牌后属地单位与作业单位应共同确认能量已隔离或去除。当有一方对上锁、隔离的充分性、完整性有任何疑虑时，均可要求对所有的隔离再做一次检查。确认可采用但不限于以下方式：

a）在释放或隔离能量前，应先观察压力表或液面计等仪表处于完好工作状态；通过观察压力表、视镜、液面计，低点导淋、高点放空

等多种方式,综合确认贮存的能量已被彻底去除或有效地隔离。在确认过程中,应避免产生其他的危害;

b)目视确认连接件已断开、设备已停止转动;

c)对存在电气危险的工作任务,应有明显的断开点,并经测试无电压存在;

d)通过放射源检测仪检查辐射强度。

② 测试

a)有条件进行测试时,属地单位应在作业人员在场时对设备进行测试(如按下启动按钮或开关,确认设备不再运转)。测试时,应排除连锁装置或其他会妨碍验证有效性的因素;

b)如果确认隔离无效,应由属地单位采取相应措施确保作业安全;

c)在工作进行中临时启动设备的操作(如试运行、试验、试送电等),恢复作业前,属地单位测试人需要再次对能量隔离进行确认、测试,重新填写能量隔离清单,双方确认签字;

d)工作进行中,若作业单位人员提出再次测试确认要求时,须经属地单位项目负责人确认、批准后实施再次测试。

5.打开管线

明确管线打开的具体位置,必要时在受测管线打开影响的区域设置路障或警戒线,控制无关人员进入。管线打开过程中发现现场工作条件与工作计划不一致的时候(如导淋阀堵塞或管线清理不合格),应停止作业,进行再评估,并制定一个新的工作计划,重新办理相关作业许可证。

6.工作交接

管线打开工作交接的双方共同确认工作内容和工作计划,至少包括以下内容:

(1)有关安全、健康和环境方面的影响;

(2)隔离位置,清理和确认清理合格的方法;

(3)管线(设备)状况;

(4)管线(设备)中残留的物料及危害等。

生产单位、维护单位或承包商的相关人员在工作交接时应进行充分沟通。当管线打开工作需超过一个班时间才能完成时，应在交接班记录中予以明确，确保班组间的充分沟通。

7. 个人防护设备

管线打开作业时应选择和使用合适的个人防护装备，专业人员和使用人员应参与个人防护装备的选择。个人防护装备在使用前，应由使用人员进行现场检查或测试，合格后方可使用。个人防护装备应按防护要求建立清单，清单包括使用何种、何时使用、何时脱下个人防护装备等内容。清单应经过批准，并确保现场人员能够及时获取个人防护装备。

对含有剧毒物料等可能立刻对生命和健康产生危害的管线（设备）进行打开作业时，应遵守以下要求：

（1）所有进入到受管线打开影响区域内的人员，包括预备人员应同样穿戴所要求的个人防护装备；

（2）对于受管线打开影响区域外（位于路障或警戒线之外但能够看见的工作区域）的人员，可不穿戴个人防护装备，但必须确保能及时获取个人防护装备。

附录一　能量隔离安全技术与
应急救援培训方案
（以中海油为例）

1.培训背景

1961 年吉布森（Gibson）提出,事故是一种不正常的或不希望的能量释放,意外释放的各种形式的能量是构成伤害的直接原因。

在正常生产过程中,能量受到种种约束和限制,按照人们的意志流动、转换和做功。如果由于某种原因,能量失去了控制,超越了人们设置的约束或限制而意外地逸出或释放,必然造成事故。

长期以来能量伤害事故时有发生,为有效使能量得以控制,减少人员伤害及财产损失,有必要对作业人员、企业的安全管理人员和一线的应急救援队伍进行能量隔离程序及应急救援培训。

2.培训目的及意义

2.1　培训目的

- 了解能量隔离的相关法律法规、中海油隔离锁定安全管理规定、应急救援体系等相关文件;
- 熟悉能量隔离的作业程序;
- 熟练掌握能量隔离相关器材的使用及救援技术。

2.2　培训意义

- 加强能量隔离作业人员安全作业意识,减少事故发生;
- 强化企业相关作业人员能量隔离的正确操作方法;
- 提高能量隔离作业相关人员安全意识,减少人员和财产损失。

3.培训对象

- 安全管理人员;
- 从事能量隔离作业的人员;

- 企业应急救援队伍；
- 消防队员。

4.培训准备

4.1　开班标准

标准人数：每班30人。

标准天数：培训两天。

4.2　培训师配备

培训师配备数量及职责

序号	培训师	配员	职责
1	主操作人员	1人	培训课程讲解； 实操训练组织
2	副操作人员 （兼安全员）	1人	配合主操作人员授课； 保证训练安全
3	操作工	1人	场地设备操作

培训师的能力要求

序号	培训师	资质证书	能力要求
1	主操作人员	特种作业操作证	通过培训师试讲； 具有独立授课能力
2	副操作人员 （兼安全员）	特种作业操作证； 安全资质证书	清楚培训流程； 具有辅助培训的能力
3	操作工	特种作业操作证	具有熟练使用能量隔离 锁具的能力

4.3　培训设施

4.3.1　培训设施情况

培训设施分两部分，一部分为实训区，另一部分为产品展示区。

实训区中工艺隔离用一个长12 m、宽2.2 m、高2.1 m的工艺生产流程撬块完成。在该系统里将实现五种能量隔离方式，并在管线布置中采用不同形式的阀门。其中，储水罐实现单阀加盲板隔离法，循环离心水泵 A 实现管线拆卸隔离法,循环离心水泵 B 实现双隔断及插盲板法,在管线布置中实现单阀隔断法、双阀隔离加排空法、单阀加盲板隔离法、管线拆卸隔离法、双隔断及插盲板法等五种方式,管线中需要的隔离设施以管段来模拟。另外,电气隔离将利用电气伤害里面的高低压配电柜,完成电气隔离部分。

产品展示区设有产品展柜、产品图册及隔离锁具使用的标准和标准化作业的图例。

4.3.2　标识

4.4　培训设备器材

序号	名称	技术参数	数量	单位
1	能量隔离培训设施	长 12 m,宽 2.2 m,高 2.1 m	1	套
2	锁具实物展板	规格:长 2000 mm×宽 1000 mm×高 400 mm。材质:304 不锈钢地拖及框架,PC 展板,亚克力立体字雕刻	4	张

序号	名称	技术参数	数量	单位
3	隔离锁具柜	锁具柜规格:宽1200 mm×高1800 mm×厚400 mm。厚0.9 mm优质冷轧钢板材质,柜体表面喷粉(浅灰色),柜门表面喷粉(蓝色C100M30Y0K0,PANTONE3005C)。上层双开玻璃门,柜内背板搭配整面孔板,悬挂定制的挂钩(悬挂锁具)和亚克力盒(放置挂签、挂绳);下层密闭式双开门,内侧钢板搁板可上下调挡	2	个
4	移动式锁具管理挂板	ABS注塑成型,PC透明盖板。尺寸:长630 mm×高530 mm	1	套
5	综合锁具挂板(大)(机械工艺类锁具配件)	坚固PS吸塑成型挂板。尺寸:长740 mm×高610 mm	1	套
6	综合锁具挂板(小)(电气类锁具配件)	坚固PS吸塑成型挂板。尺寸:长630 mm×高530 mm	1	套
7	操作说明挂框(大型)	规格:长1150 mm×宽750 mm	1	套
8	人孔锁	由拉链防水耐磨尼龙布袋制成;配轮式缆锁锁扣(A663)、安全挂锁(A520)及4.5 m缆线。可供60~100 cm直径的人孔隔离使用。锁扣有六锁孔,便于多人交叉作业时锁定受限空间	20	套
9	手轮阀锁具3″	门阀锁具的壳体由两个半月形的盒组成,可完全包裹住轮阀且完全绝缘;由高强度ABS塑料制成;锁定范围:38.1~127 mm	40	件
10	手轮阀锁具1.5″	门阀锁具的壳体由两个半月形的盒组成,可完全包裹住轮阀且完全绝缘,由高强度ABS项目塑料制造;锁定范围:25.4~38.1 mm	40	件

续表

序号	名称	技术参数	数量	单位
11	通用阀门锁具	可在多种尺寸大小的轮阀上使用,属于新型的可调节轮阀安全锁具。由高强度聚丙烯塑料制成,具有非凡的抗断裂和耐磨性能。锁定范围:25.4～139.7 mm,适应温度范围:－46～182 ℃	40	件
12	蝶阀锁具 3″	由工业级高强度聚丙烯塑料及不锈钢材质配件合成,适用于各种蝶式阀门的锁定	40	件
13	球阀锁具 3″	由工业级高强度聚丙烯塑料及不锈钢材质配件合成,配备一根1.8 m的护套缆线。先进的上牙梯形及下牙的开口设计,适用于各种条件下的阀门锁定	40	件
14	球阀锁具 1.5″	由工业级高强度聚丙烯塑料材质制成	40	件
15	万用球阀锁	由工业级高强度聚丙烯塑料及不锈钢材质配件合成,适用于各种球阀阀门的锁定	40	件
16	截止阀锁具 3″	由工业级高强度聚丙烯塑料及不锈钢材质配件合成,配备一根1.8 m的护套缆线。先进的上牙梯形及下牙的开口设计,适用于各种条件下的阀门锁定	40	件
17	截止阀锁具 1.5″	由工业级高强度聚丙烯塑料及不锈钢材质配件合成,配备一根1.8 m的护套缆线。先进的上牙梯形及下牙的开口设计,适用于各种条件下的阀门锁定	40	件
18	长臂截止阀锁具	镀锌钢包箍固定在一单臂轮阀手柄上,并有锁眼进行锁定。锁具上的手柄由聚乙烯浸塑,手感好,便于操作	40	件
19	阀芯锁具	内芯为不锈钢材质的顶丝及锯齿卡件组成,用以锁紧阀芯。工业级高强度聚碳塑料材料制壳体,上下部分有插槽,可插入不锈钢片并用以固定阀芯,适合大尺寸的阀芯锁定,壳体上配有锁孔可上锁锁定	40	件

序号	名称	技术参数	数量	单位
20	小型阀芯锁具	内芯为不锈钢材质的顶丝及锯齿卡件组成，用以锁紧阀芯。工业级高强度聚碳塑料材料制壳体，上下部分有插槽，可插入不锈钢片并用以固定阀芯，适合大尺寸的阀芯锁定，壳体上配有锁孔可上锁锁定	40	件
21	压力气管锁具	由高强度工业树脂制成，抗冲击，抗化学污染。气管接头直径分别为 6.35 mm、9.15 mm、12.7 mm，可将高压气管接头锁定	40	件
22	加压气瓶阀锁具	由高强度工业树脂制成，抗冲击，抗化学污染。可将气瓶高压阀锁定，径口直径 32 mm	40	件
23	插座锁具	是锁定大多数品牌墙壁插座开关的安全锁扣，保证开关被锁住，并保持在开或关的状态时合页盖可打开便于平时正常的开关运作。尺寸为 85 mm×85 mm 的通式插座开关，具有防水功能	40	件
24	插头锁具(小)	适用于 110 V 和某些 220 V 的插头，插头尺寸为 44.5 mm×44.5 mm×82 mm 时容纳电缆直径为 12.7 mm	40	件
25	插头锁具(中)	适用于 220 V 和某些 550 V 的插头，插头尺寸为 76.2 mm×76.2 mm×171.45 mm 时，容纳电缆直径为 25 mm	40	件
26	插头锁具(大)	适用于 220 V 和某些 550 V 的插头，插头尺寸为 101.6 mm×101.6 mm×203.2 mm 时，容纳电缆直径为 25 mm	40	件
27	插头锁具袋	由防水、耐磨尼龙布袋制成，可方便将升降机控制器或其他大型的电路连接器开关套入锁定。束带式结构广泛适用于 17.8 cm×43.2 cm 范围内的操纵装置；设有中文/英文双语警告标签	40	件

续表

序号	名称	技术参数	数量	单位
28	泵防爆开关锁定装置	适用于防爆开关锁定盒,注塑成型,高强度聚碳 PC 材料,尺寸为 240 mm×240 mm×140 mm	40	件
29	断路器开关锁具(小)	锁定大多数品牌的小、中型单极电路开关,可轻易嵌套开关闸柄,如 227 V(宽 16.51 mm、厚 11.68 mm)	40	件
30	断路器开关锁具(中)	锁定大多数品牌的 120/277 V 中型单极电路开关,锁定范围:7.14 mm,可轻易嵌套开关闸柄,适用于更宽、更厚的开关闸	40	件
31	断路器开关锁具(大)	锁定大多数品牌的 480/600 V 大中型单极电路开关,锁定范围为 38.1 mm 的宽度、22.23 mm 的厚度的开关柄,适用于更宽、更厚的开关闸	40	件
32	微型断路器开关锁具	适用于微型按钮开关,单极或多极开关,卡位钢丝方向朝外,宽度为标准距离。在锁扣的前方有两个分别向左右两侧 90°弯曲的金属钩,用于插入断路器开关柄两侧中心孔。使用时将金属钩插入断路器中心孔,锁扣后端圆孔上锁,从而将断路器锁定	50	件
33	按钮开关锁具	国际电气标准 PC 材质,强度高,透明度好;永久性安装在推拉或者螺旋释放的紧急停止键上,防止误碰触;锁具安装孔径为 22 mm,尺寸为外径 45 mm、高 35 mm	50	件
34	按钮开关锁具(大)	国际电气标准 PC 材质,强度高,透明度好;永久性安装在推拉或者螺旋释放的紧急停止键上,防止误碰触;锁具安装孔径为 48 mm,外径尺寸为 65 mm、高 50 mm	50	件

序号	名称	技术参数	数量	单位
35	旋转开关锁具	国际电气标准 PC 材质,强度高,透明度好;永久性安装在组合开关键上,防止误碰触;锁扣安装孔径分为四种,可安装在长 75 mm、宽 65 mm 的电器开关上	50	件
36	铝联排锁扣	是提示牌和安全锁扣的结合体,由坚固的 5052 氧化铝合金制成。多种颜色。该锁可让某一员工锁定一设备并进行维修,但允许最多 5 位的额外员工将锁扣附牌附上,以协助维修。该锁扣坚固,表面可用钢笔、铅笔及不褪色笔书写,钢笔和铅笔痕迹可擦去	50	件
37	六联搭扣	每个维修点最多可由 6 个工人上锁;在能量切断开关上上维修设备;使设备在维修或调整时无法运转;所有锁具解除后,方可开启;有绝缘的鲜红色乙烯基胶皮;使用重型钢材质,防撬性强;规格:25.4 mm	50	件
38	塑料六联搭扣	允许多至 6 位人员锁定单一电源供应。全部由聚酰胺(尼龙)材料做成,绝缘,防锈蚀	50	件
39	可调节钢缆停工锁	采用柔韧性设计,适用于锁定各种尺寸的开关或多个阀门;为不锈钢缆线,缆绳长 1.8 m;附带提示标贴	50	件
40	安全挂锁	锁身为塑胶结构;锁梁为钢制材料。锁梁间距:2 cm;锁梁直径 0.635 cm;锁体大小:4.4 cm×3.8 cm×2 cm(高×宽×厚)。颜色为六种:红、黄、蓝、绿、橙、黑。可分为:个人锁、集体锁、万能锁	400	件
41	绝缘挂锁	锁身和锁梁为塑胶结构,锁梁间距:2 cm;锁梁直径 0.635 cm;锁体大小:4.4 cm×3.8 cm×2 cm(高×宽×厚)。颜色为六种:红、黄、蓝、绿、橙、黑。可分为:个人锁(不通开)、集体锁(通开)、万能锁(级别管理)	300	件

序号	名称	技术参数	数量	单位
42	挂牌	吊牌高为 107.95 mm，宽为 73.025 mm 的高强度中英文标签，直径为 7/16″的黄铜环适合所有的安全挂锁；符合 OSHA 停工/挂牌标准，并有"姓名""部门""预计完成日期"等。编号 569 为普通 PVC 材质，黄铜扣眼；可重复擦写	500	件
43	锁具工具箱（钢制）	存放 store，钢制，多个锁孔	20	件
44	集体锁具挂箱	存放 store，透明 PC 材质，单个锁孔管理挂箱	20	件
45	锁具尼龙包工具	由拉链防水耐磨尼龙布袋制成，规格：宽 260 mm×高 290 mm。可容纳：2 个 25.4～63.5 mm 轮阀锁具（6270）；1 个通用阀门锁具（6275）；1 个球阀安全锁具（6281）；1 个蝶阀安全锁具（6285）；1 个万用球阀锁具（6289）；2 个 25.4 mm 六孔锁（6252）；1 个 38.1 mm 六孔锁（6253）；1 个钢缆安全锁（6276）；1 个锁具工具包（7284）	40	件
46	护套钢缆锁	护套钢索锁具，型号：φ3.175 mm	60	件
47	中低压柜刀闸安全锁具	锁定开关闸尺寸：锁定 3.8/6 kV 闸刀开关；材质：ABS 项目塑料；适用于刀闸柄长度不小于 130 mm，直径 15.2 mm，基座长宽高不大于 110 mm×42.5 mm×60 mm 的刀闸	60	件
48	中低压柜刀闸安全锁具（大号）	锁定开关闸尺寸：锁定 3.8 kV/6 kV 闸刀开关；材质：ABS 项目塑料；适用于刀闸柄长度不小于 130 mm，直径 15.2 mm，基座长宽高不大于 135 mm×45 mm×70 mm 的刀闸	60	件
49	高压刀闸安全锁具	锁定 480/600 V 开关组以上高压刀闸开关，永远安置于电器板上，需要的时候放置合适的锁定器具。红色杆锁定关闭状态，绿色杆锁定开启状态。材质：聚丙烯塑料	60	件

序号	名称	技术参数	数量	单位
50	开关板安全锁具（粘贴型）	480/600 V开关组安全锁具套装,粘贴型,永远安置于电器板上,需要的时候放置合适的锁定器具。红色杆锁定关闭状态,绿色杆锁定开启状态。用粘胶固定黄色护栏。材质:聚丙烯塑料	100	件
51	开关板安全锁具（磁吸型）	480/600 V开关组安全锁具套装,磁吸型,永远安置于电器板上,需要的时候放置合适的锁定器具。红色杆锁定关闭状态,绿色杆锁定开启状态。用工业用磁条固定黄色护栏。材质:聚丙烯塑料	100	件
52	开关板安全锁具（夜光型）	480/600 V开关组安全锁具套装,夜光型,永远安置于电器板上,需要的时候放置合适的锁定器具。红色杆锁定关闭状态,绿色杆锁定开启状态。阻杆有夜光功能。材质:聚丙烯塑料	100	件
53	设备运行吊牌	有启/停标识	500	件

5.培训计划

项目		培训内容	学时
理论培训	第一部分	能量隔离作业及安全防护基本知识	2
	第二部分	能量隔离作业风险因素与分析	2
	第三部分	能量隔离作业事故案例分析	1
	第四部分	能量隔离设备器材认知	1
实操训练	第五部分	高压电器隔离锁定	1
	第六部分	低压电器隔离锁定	1
	第七部分	单阀隔断法锁定	1
	第八部分	双阀隔离加排空法锁定	1
	第九部分	单阀加盲板隔离法锁定	1
	第十部分	管线拆卸隔离法锁定	1
	第十一部分	双隔断及插盲板法锁定	1

项目		培训内容	学时
考核评估	理论	笔试	1
	实操	综合演练	2
合计			16

6.培训内容

6.1　理论培训内容

6.1.1　概述

6.1.2　能量隔离作业及安全防护基本知识

　6.1.2.1　能量隔离相关法律法规

　6.1.2.2　中海油隔离锁定安全管理规定

　6.1.2.3　能量隔离作业术语与定义

　6.1.2.4　能量隔离一般安全要求

　6.1.2.5　能量意外释放的特点与控制手段

　6.1.2.6　锁具的基本功能及选用

　6.1.2.7　能量隔离方式的特点及选用

6.1.3　能量隔离作业风险因素与分析

　6.1.3.1　能量隔离作业危险因素

　6.1.3.2　能量隔离作业事故类型及后果

　6.1.3.3　能量隔离作业风险控制措施

　6.1.3.4　能量隔离作业安全意识与风险识别

6.1.4　能量隔离作业事故案例分析

　6.1.4.1　电气能量隔离伤害事故案例分析

　6.1.4.2　机械/工艺能量隔离伤害事故案例分析

6.1.5　能量隔离设备器材认知

6.2　实操训练内容

6.2.1　第一项训练内容

高压电器隔离锁定。

　6.2.1.1　培训的设备设施

设施:高压配电柜。

设备如下：

序号	设备名称	单位	数量
1	高压验电器	个	2
2	绝缘手套	双	5
3	绝缘鞋	双	5
4	工作服	个	10
5	绝缘钩	把	2
6	电工工具套装	套	1

6.2.1.2　培训方法

讲授法＋实训法。

6.2.1.3　培训注意事项

高压柜为模拟柜，虽不带有高压电但控制回路存在 220 V 低压电，应注意人员触电。

6.2.1.4　培训师示范讲解

培训师动作示范。

讲解：动作要领、注意事项。

6.2.1.5　学员实训

训练形式：课程式培训(单人练习)。

训练实施：每人训练 1 次。

6.2.1.6　培训师讲评

主操培训师根据学员训练完成情况进行讲评。

6.2.2　第二项训练内容

低压电器隔离锁定。

6.2.2.1　培训的设备设施

设施：低压配电柜。

设备如下：

序号	设备名称	单位	数量
1	低压验电器	个	2

序号	设备名称	单位	数量
2	绝缘钩	个	2
3	工作服	件	5
4	工作鞋	双	5
5	电工工具套装	套	1

6.2.2.2　培训方法

讲授法＋实训法。

6.2.2.3　培训注意事项

人员触电伤害。

6.2.2.4　培训师示范讲解

培训师动作示范。

讲解：动作要领、注意事项。

6.2.2.5　学员实训

训练形式：课程式培训（单人练习）。

训练实施：每人训练1次。

6.2.2.6　培训师讲评

主操培训师根据学员训练完成情况进行讲评。

6.2.3　第三项训练内容

单阀隔断法锁定。

6.2.3.1　培训的设备设施

设施：工艺模拟训练设施。

设备如下：

序号	设备名称	单位	数量
1	扳手组套	套	2
2	螺丝刀组套	套	2
3	工作服	件	5
4	工作鞋	双	5

6.2.3.2 培训方法

讲授法＋实训法。

6.2.3.3 培训注意事项

机械伤害。

6.2.3.4 培训师示范讲解

培训师动作示范。

讲解：动作要领、注意事项。

6.2.3.5 学员实训

训练形式：课程式培训（单人练习）。

训练实施：每人训练 1 次。

6.2.3.6 培训师讲评

主操培训师根据学员训练完成情况进行讲评。

6.2.4 第四项训练内容

双阀隔离加排空法锁定。

6.2.4.1 培训的设备设施

设施：工艺模拟训练设施。

设备如下：

序号	设备名称	单位	数量
1	扳手组套	套	2
2	螺丝刀组套	套	2
3	工作服	件	5
4	工作鞋	双	5

6.2.4.2 培训方法

讲授法＋实训法。

6.2.4.3 培训注意事项

机械伤害。

6.2.4.4 培训师示范讲解

培训师动作示范。

讲解：动作要领、注意事项。

6.2.4.5　学员实训

训练形式:课程式培训(单人练习)。

训练实施:每人训练1次。

6.2.4.6　培训师讲评

主操培训师根据学员训练完成情况进行讲评。

6.2.5　第五项培训内容

单阀加盲板隔离法锁定。

6.2.5.1　培训的设备设施

设施:工艺模拟训练设施。

设备如下:

序号	设备名称	单位	数量
1	扳手组套	套	2
2	螺丝刀组套	套	2
3	工作服	件	5
4	工作鞋	双	5

6.2.5.2　培训方法

讲授法＋实训法。

6.2.5.3　培训注意事项

机械伤害。

6.2.5.4　培训师示范讲解

培训师动作示范。

讲解:动作要领、注意事项。

6.2.5.5　学员实训

训练形式:课程式培训(单人练习)。

训练实施:每人训练1次。

6.2.5.6　培训师讲评

主操培训师根据学员训练完成情况进行讲评。

6.2.6　第六项培训内容

管线拆卸隔离法锁定。

6.2.6.1 培训的设备设施

设施:工艺模拟训练设施。

设备如下:

序号	设备名称	单位	数量
1	扳手组套	套	2
2	螺丝刀组套	套	2
3	工作服	件	5
4	工作鞋	双	5

6.2.6.2 培训方法

讲授法+实训法。

6.2.6.3 培训注意事项

机械伤害。

6.2.6.4 培训师示范讲解

培训师动作示范。

讲解:动作要领、注意事项。

6.2.6.5 学员实训

训练形式:课程式培训(单人练习)。

训练实施:每人训练1次。

6.2.6.6 培训师讲评

主操培训师根据学员训练完成情况进行讲评。

6.2.7 第七项培训内容

双隔断及插盲板法锁定。

6.2.7.1 培训的设备设施

设施:工艺模拟训练设施。

设备如下:

序号	设备名称	单位	数量
1	扳手组套	套	2
2	螺丝刀组套	套	2

序号	设备名称	单位	数量
3	工作服	件	5
4	工作鞋	双	5

6.2.7.2 培训方法

讲授法＋实训法。

6.2.7.3 培训注意事项

机械伤害。

6.2.7.4 培训师示范讲解

培训师动作示范。

讲解：动作要领、注意事项。

6.2.7.5 学员实训

训练形式：课程式培训（单人练习）。

训练实施：每人训练1次。

6.2.7.6 培训师讲评

主操培训师根据学员训练完成情况进行讲评。

7. 考核评估

7.1 理论考核

考试采用笔试方法，考试时间100分钟，满分100分，60分及格。

7.2 综合评估

正确使用隔离锁具工具；

能够完成能量隔离作业应急技术的演练。

附录二　危险货物分类和品名编号
（GB 6944—2012）

本标准的第 4 章、第 5 章和第 6 章为强制性的，其余为推荐性的。

本标准按照 GB/T 1.1—2009 的规则起草。

本标准代替 GB 6944—2005《危险货物分类和品名编号》。

本标准与 GB 6944—2005 的差异如下：

——修订了原标准中的术语和定义、不同危险货物类、项的判据；

——增加了爆炸品配装组分类和组合；

——增加了危险货物危险性的先后顺序；

——增加了危险货物包装类别。

本标准与联合国《关于危险货物运输的建议书　规章范本》（第16 修订版）第 2 部分：分类的技术内容一致。

本标准由中华人民共和国交通运输部提出。

本标准由全国危险化学品管理标准化技术委员会（SAC/TC 251）归口。

本标准起草单位：交通运输部水运科学研究所、上海化工研究院。

本标准主要起草人：陈荣昌、顾慧丽、吴维平、范宾、陈正才、褚家成。

本标准所代替标准的历次版本发布情况为：

——GB 6944—1986；

——GB 6944—2005。

1　范围

本标准规定了危险货物分类、危险货物危险性的先后顺序和危险货物编号。

本标准适用于危险货物运输、储存、经销及相关活动。

2   规范性引用文件

下列文件对于本文件的应用是必不可少的。凡是注日期的引用文件,仅注日期的版本适用于本文件。凡是不注日期的引用文件其最新版本(包括所有的修改单)适用于本文件。

GB 11806 放射性物质安全运输规程

GB/T 3536 石油产品   闪点和燃点的测定   克利夫兰开口杯法

GB/T 21622 危险品   易燃液体持续燃烧试验方法

GB/T 21624 危险品   易燃黏性液体溶剂分离试验方法

GB/T 21617 危险品   固体氧化性试验方法

GB/T 21620 危险品   液体氧化性试验方法

联合国《关于危险货物运输的建议书 规章范本》(第16修订版)

联合国《关于危险货物运输的建议书 试验和标准手册》(第5修订版)

世界卫生组织《世界卫生组织建议的农药按危险性的分类和分类准则》(2004)

3   术语和定义

联合国《关于危险货物运输的建议书 规章范本》(第16修订版)(以下简称《规章范本》)界定的以及下列术语和定义适用于本文件。

3.1   危险货物(也称危险物品或危险品)dangerous goods

具有爆炸、易燃、毒害、感染、腐蚀、放射性等危险特性,在运输、储存、生产、经营、使用和处置中,容易造成人身伤亡、财产损毁或环境污染而需要特别防护的物质和物品。

3.2   联合国编号 UN number

由联合国危险货物运输专家委员会编制的四位阿拉伯数编号,用以识别一种物质或物品或一类特定物质或物品。

4   危险货物分类

4.1   危险货物类别、项别和包装类别

4.1.1   类别和项别

按危险货物具有的危险性或最主要的危险性分为 9 个类别。第 1 类、第 2 类、第 4 类、第 5 类和第 6 类再分成项别。

类别和项别分列如下：

第 1 类:爆炸品

1.1 项:有整体爆炸危险的物质和物品；

1.2 项:有迸射危险,但无整体爆炸危险的物质和物品；

1.3 项:有燃烧危险并有局部爆炸危险或局部迸射危险或这两种危险都有,但无整体爆炸危险的物质和物品；

1.4 项:不呈现重大危险的物质和物品；

1.5 项:有整体爆炸危险的非常不敏感物质；

1.6 项:无整体爆炸危险的极端不敏感物品。

第 2 类:气体

2.1 项:易燃气体；

2.2 项:非易燃无毒气体；

2.3 项:毒性气体。

第 3 类:易燃液体

第 4 类:易燃固体、易于自燃的物质、遇水放出易燃气体的物质

4.1 项:易燃固体、自反应物质和固态退敏爆炸品；

4.2 项:易于自燃的物质；

4.3 项:遇水放出易燃气体的物质。

第 5 类:氧化性物质和有机过氧化物

5.1 项:氧化性物质；

5.2 项:有机过氧化物。

第 6 类:毒性物质和感染性物质

6.1 项:毒性物质；

6.2 项:感染性物质。

第 7 类:放射性物质

第 8 类:腐蚀性物质

第 9 类:杂项危险物质和物品,包括危害环境物质

注:类别和项别的号码顺序并不是危险程度的顺序。

4.1.2　危险货物包装类别

为了包装目的,除了第 1 类、第 2 类、第 7 类、5.2 项和 6.2 项物质,以及 4.1 项自反应物质以外的物质,根据其危险程度,划分为三个包装类别:

——Ⅰ类包装:具有高度危险性的物质;

——Ⅱ类包装:具有中等危险性的物质;

——Ⅲ类包装:具有轻度危险性的物质。

4.2　第 1 类:爆炸品

4.2.1　一般规定

4.2.1.1　爆炸品包括:

(1)爆炸性物质(物质本身不是爆炸品,但能形成气体、蒸汽或粉尘爆炸环境者,不列入第 1 类),不包括那些太危险以致不能运输或其主要危险性符合其他类别的物质;

(2)爆炸性物品,不包括下述装置:其中所含爆炸性物质的数量或特性,不会使其在运输过程中偶然或意外被点燃或引发后因迸射、发火、冒烟、发热或巨响而在装置外部产生任何影响;

(3)为产生爆炸或烟火实际效果而制造的(1)和(2)中未提及的物质或物品。

4.2.1.2　爆炸性物质是指固体或液体物质(或物质混合物),自身能够通过化学反应产生气体,其温度、压力和速度高到能对周围造成破坏。烟火物质即使不放出气体,也包括在内。

4.2.1.3　爆炸性物品是指含有一种或几种爆炸性物质的物品。

4.2.2　项别

第 1 类划分为 6 项。

4.2.2.1　1.1 项:有整体爆炸危险的物质和物品。整体爆炸是指瞬间能影响到几乎全部载荷的爆炸。

4.2.2.2　1.2 项:有迸射危险,但无整体爆炸危险的物质和物品。

4.2.2.3　1.3 项:有燃烧危险并有局部爆炸危险或局部迸射危险或这两种危险都有,但无整体爆炸危险的物质和物品。

本项包括满足下列条件之一的物质和物品：

(1)可产生大量热辐射的物质和物品；

(2)相继燃烧产生局部爆炸或迸射效应或两种效应兼而有之的物质和物品。

4.2.2.4 1.4项：不呈现重大危险的物质和物品。本项包括运输中万一点燃或引发时仅造成较小危险的物质和物品；其影响主要限于包件本身，并且预计射出的碎片不大、射程也不远，外部火烧不会引起包件几乎全部内装物的瞬间爆炸。

4.2.2.5 1.5项：有整体爆炸危险的非常不敏感物质：

(1)本项包括有整体爆炸危险性但非常不敏感，以致在正常运输条件下引发或由燃烧转为爆炸的可能性极小的物质。

(2)船舱内装有大量本项物质时，由燃烧转为爆炸的可能性较大。

4.2.2.6 1.6项：无整体爆炸危险的极端不敏感物品：

(1)本项包括仅含有极不敏感爆炸物质，并且其意外引发爆炸或传播的概率可忽略不计的物品。

(2)本项物品的危险仅限于单个物品的爆炸。

4.2.3 爆炸品配装组划分和组合

4.2.3.1 在爆炸品中，如果两种或两种以上物质或物品在一起能够安全积载或运输，而不会明显增加事故概率或在一定数量情况下不会明显提高事故危害程度的，可视其为同一配装组。

4.2.3.2 第1类危险货物根据其具有的危险性类型划归6个项中的一项和13个配装组中的一个，被认为可以相容的各种爆炸性物质和物品列为一个配装组。

表1和表2表明了划分配装组的方法与各配装组有关的可能危险项别的组合：

(1)配装组D和E的物品，可安装引发装置或与之包装在一起，但该引发装置应至少配备两个有效的保护功能，防止在引发装置意外启动时引起爆炸。

此类物品和包装应划为D或E配装组。

（2）配装组 D 和 E 的物品，可与引发装置包装在一起，尽管该引发装置未配备两个有效的保护功能，但在正常运输条件下，该引发装置意外启动不会引起爆炸。

此类包件应划为 D 或 E 配装组。

（3）划入配装组 S 的物质或物品应经过 1.4 项的实验确定。

（4）划入配装组 N 的物质或物品应经过 1.6 项的实验确定。

表 1　爆炸品配装组划分

待分类物质和物品的说明	配装组	组合
一级爆炸性物质	A	1.1A
含有一级爆炸性物质而不含有两种或两种以上有效保护装置的物品。某些物品，例如爆破用雷管、爆破用雷管组件和帽形起爆器，包括在内，尽管这些物品不含有一级炸药	B	1.1B、1.2B、1.4B
推进爆炸性物质或其他爆燃爆炸性物质或含有这类爆炸性物质的物品	C	1.1C、1.2C、1.3C、1.4C
二级起爆物质或黑火药或含有二级起爆物质的物品，无引发装置和发射药；或含有一级爆炸性物质和两种或两种以上有效保护装置的物品	D	1.1D、1.2D、1.4D、1.5D
含有二级起爆物质的物品，无引发装置，带有发射药（含有易燃液体或胶体或自燃液体的除外）	E	1.1E、1.2E、1.4E
含有二级起爆物质的物品，带有引发装置，带有发射药（含有易燃液体或胶体或自燃液体的除外）或不带有发射药	F	1.1F、1.2F、1.3F、1.4F
烟火物质或含有烟火物质的物品或既含有爆炸性物质又含有照明、燃烧、催泪或发烟物质的物品（水激活的物品或含有白磷、磷化物、发火物质、易燃液体与胶体或自燃液体的物品除外）	G	1.1G、1.2G、1.3G、1.4G
含有爆炸性物质和白磷的物品	H	1.2H、1.3H
含有爆炸性物质和易燃液体或胶体的物品	J	1.1J、1.2J、1.3J
含有爆炸性物质和毒性化学剂的物品	K	1.2K、1.3K

续表

待分类物质和物品的说明	配装组	组合
爆炸性物质或含有爆炸性物质并且具有特殊危险(例如由于水激活或含有自燃液体、磷化物或发火物质)需要彼此隔离的物品	L	1.1L、1.2L、1.3L
只含有极端不敏感起爆物质的物品	N	1.6N
如下包装或设计的物质或物品:除了包件被火烧损的情况外,能使意外起爆引起的任何危险效应不波及到包件之外;在包件被火烧损的情况下,所有爆炸和迸射效应也有限,不致于妨碍或阻止在包件近邻处救火或采取其他应急措施	S	1.4S

表2　爆炸品危险项别与配装组的组合

危险项别	配装组												ΣA～S
	A	B	C	D	E	F	G	H	J	K	L	N	S	
1.1	1.1A	1.1B	1.1C	1.1D	1.1E	1.1F	1.1G		1.1J		1.1L			9
1.2		1.2B	1.2C	1.2D	1.2E	1.2F	1.2G	1.2H	1.2J	1.2K	1.2L			10
1.3			1.3C			1.3F	1.3G	1.3H	1.3J	1.3K	1.3L			7
1.4		1.4B	1.4C	1.4D	1.4E	1.4F	1.4G						1.4S	7
1.5				1.5D										1
1.6												1.6N		1
Σ1.1～1.6	1	3	4	4	3	4	4	2	3	2	3	1	1	35

4.3　第2类:气体

4.3.1　一般规定

4.3.1.1　本类气体指满足下列条件之一的物质:

(1)在50 ℃时,蒸气压力大于300 kPa的物质;

(2)20 ℃时在101.3 kPa标准压力下完全是气态的物质。

　　4.3.1.2　本类包括压缩气体、液化气体、溶解气体和冷冻液化气体、一种或多种气体与一种或多种其他类别物质的蒸气混合物、充有气体的物品和气雾剂。

4.3.1.2.1　压缩气体是指在$-50\ ℃$下加压包装供运输时完全是气态的气体,包括临界温度小于或等于$-50\ ℃$的所有气体。

4.3.1.2.2　液化气体是指在温度大于$-50\ ℃$下加压包装供运输时部分是液态的气体,可分为:

(1)高压液化气体:临界温度在$-50\sim65\ ℃$之间的气体;

(2)低压液化气体:临界温度大于$65\ ℃$的气体。

4.3.1.2.3　溶解气体:加压包装供运输时溶解于液相溶剂中的气体。

4.3.1.2.4　冷冻液化气体:包装供运输时由于其温度低而部分呈液态的气体。

4.3.1.3　具有两个项别以上危险性的气体和气体混合物,其危险性先后顺序如下:

(1)2.3项优先于所有其他项;

(2)2.1项优先于2.2项。

4.3.2　项别

第2类分为3项。

4.3.2.1　2.1项:易燃气体

本项包括在$20\ ℃$和$101.3\ kPa$条件下满足下列条件之一的气体:

(1)爆炸下限小于或等于13%的气体;

(2)不论其爆燃性下限如何,其爆炸极限(燃烧范围)大于或等于12%的气体。

4.3.2.2　2.2项:非易燃无毒气体

4.3.2.2.1　本项包括窒息性气体、氧化性气体以及不属于其他项别的气体。

4.3.2.2.2　本项不包括在温度$20\ ℃$时的压力低于$200\ kPa$,并且未经液化或冷冻液化的气体。

4.3.2.3　2.3项:毒性气体

本项包括满足下列条件之一的气体:

(1)其毒性或腐蚀性对人类健康造成危害的气体;

(2)急性半数致死浓度 LC_{50} 值小于或等于 $5000\ mL/m^3$ 的毒性或腐蚀性气体。

注：使雌雄青年大白鼠连续吸入 1 小时，最可能引起受试动物在 14 天内死亡一半的气体的浓度。

4.4　第 3 类:易燃液体

4.4.1　本类包括易燃液体和液态退敏爆炸品。

4.4.1.1　易燃液体,是指易燃的液体或液体混合物,或是在溶液或悬浮液中有固体的液体,其闭杯试验闪点不高于 60 ℃,或开杯试验闪点不高于 65.6 ℃。易燃液体还包括满足下列条件之一的液体：

(1)在温度等于或高于其闪点的条件下提交运输的液体；

(2)以液态在高温条件下运输或提交运输、并在温度等于或低于最高运输温度下放出易燃蒸气的物质。

4.4.1.2　液态退敏爆炸品,是指为抑制爆炸性物质的爆炸性能,将爆炸性物质溶解或悬浮在水中或其他液态物质后,而形成的均匀液态混合物。

4.4.2　符合 4.4.1.1 易燃液体的定义,但闪点高于 35 ℃而且不持续燃烧的液体,在本标准中不视为易燃液体。符合下列条件之一的液体被视为不能持续燃烧：

(1)按照 GB/T 21622 规定进行持续燃烧试验,结果表明不能持续燃烧的液体；

(2)按照 GB/T 3536 确定的燃点大于 100 ℃的液体；

(3)按质量含水大于 90% 且混溶于水的溶液。

4.4.3　第 3 类危险货物包装类别的划分。易燃液体的包装类别根据"按易燃性划分的危险类别表"（表 3）中的闪点（闭杯）和初沸点确定。

表 3　按易燃性划分的危险类别表

包装类别	闪点（闭杯）	初沸点
I	—	≤35 ℃
II	<23 ℃	>35 ℃
III	23~60 ℃	>35 ℃

4.4.3.1　对于易燃且易燃为其唯一危险性的液体,使用表3确定其危险类别。

4.4.3.2　对于另有其他危险性的液体,应考虑到表3确定的危险类别和根据其他危险性的严重程度确定的危险类别,按照其主要危险性确定分类和包装类别。

4.4.3.3　闪点低于23 ℃的黏性物质,例如色漆、瓷釉、喷漆、清漆、黏合剂和抛光剂等,可按照联合国《关于危险货物运输的建议书试验和标准手册》(第5修订版)(以下简称"《试验和标准手册》")第三部分第32.3小节规定的程序根据下列内容划入Ⅲ类包装:

(1)用流过时间(s)表示的黏度;

(2)闭杯闪点;

(3)溶剂分离试验。

4.4.3.4　闪点低于23 ℃的黏性易燃液体,例如油漆、瓷釉、喷漆、清漆、黏合剂和抛光剂等,如符合下列条件则划入Ⅲ类包装:

(1)在溶剂分离试验中,清澈的溶剂分离层少于3%;

(2)混合物或任何分离溶剂都不符合6.1项或第8类的标准。

4.4.3.5　由于在高温下进行运输而被划为易燃液体的物质,列入Ⅲ类包装。

4.4.3.6　具有下列性质的黏性物质:

——闪点在23~60 ℃之间;

——无毒性、腐蚀性或环境危险;

——含硝化纤维素不超过20%,而且硝化纤维素按干重含氮不超过12.6%;

——装在容量小于450 L的贮器内。

如符合下列条件即不受本标准的约束(空运除外):

(1)在溶剂分离试验(见GB/T 21624)中,溶剂分离层的高度小于总高度的3%;

(2)在用直径6 mm的喷嘴进行的黏度试验(见《试验和标准手册》第三部分第32.4.3小节)中,满足下列条件之一:

① 流过时间大于或等于60 s;

② 流过时间大于或等于 40 s,且黏性物质含有不超过 60%的第 3 类物质。

4.5　第 4 类:易燃固体、易于自燃的物质、遇水放出易燃气体的物质

4.5.1　一般规定

本类包括易燃固体、易于自燃的物质和遇水放出易燃气体的物质,分为 3 项。

4.5.2　项别

4.5.2.1　4.1 项:易燃固体、自反应物质和固态退敏爆炸品

(1)易燃固体:易于燃烧的固体和摩擦可能起火的固体;

(2)自反应物质:即使没有氧气(空气)存在,也容易发生激烈放热分解的热不稳定物质;

(3)固态退敏爆炸品:为抑制爆炸性物质的爆炸性能,用水或酒精湿润爆炸性物质,或用其他物质稀释爆炸性物质后,而形成的均匀固态混合物。

4.5.2.2　4.2 项:易于自燃的物质

本项包括发火物质和自热物质。

(1)发火物质:即使只有少量与空气接触,不到 5 分钟时间便燃烧的物质,包括混合物和溶液(液体或固体);

(2)自热物质:发火物质以外的与空气接触便能自己发热的物质。

4.5.2.3　4.3 项:遇水放出易燃气体的物质

本项物质是指遇水放出易燃气体,且该气体与空气混合能够形成爆炸性混合物的物质。

4.5.3　第 4 类危险货物包装类别的划分

除 4.1 项的自反应物质以外,第 4 类危险货物的包装类别根据易燃固体、易于自燃的物质和遇水放出易燃气体的物质的危险特性划分。

4.5.3.1　易燃固体

(1)易于燃烧的固体(金属粉除外),在根据《试验和标准手册》第

三部分第 33.2.1 小节所述的试验方法进行试验时,如燃烧时间小于 45 s 并且火焰通过湿润段,应划入Ⅱ类包装。金属或金属合金粉末,如反应段在 5 分钟以内蔓延到试样的全部长度,应划入Ⅱ类包装。

(2)易于燃烧的固体(金属粉除外),在根据《试验和标准手册》第三部分第 33.2.1 小节所述的试验方法进行试验时,如燃烧时间小于 45 s 并且湿润段阻止火焰传播至少 4 分钟,应划入Ⅲ类包装。金属粉如反应段在大于 5 分钟但小于 10 分钟内蔓延到试样的全部长度,应划入Ⅲ类包装。

(3)摩擦可能起火的固体,应按现有条目以类推方法或按照任何适当的特殊规定划定包装类别。

4.5.3.2 易于自燃的物质

(1)所有发火固体和发火液体应划入Ⅰ类包装。

(2)根据《试验和标准手册》第三部分第 33.3.1.6 小节所述的试验方法进行试验时,用 25 mm 试样立方体在 140 ℃下做试验时取得肯定结果的自热物质,应划入Ⅱ类包装。

(3)根据《试验和标准手册》第三部分第 33.3.1.6 小节所述的试验方法进行试验时,自热物质如符合下列条件应划入Ⅲ类包装:

① 用 100 mm 试样立方体在 140 ℃下做试验时取得肯定结果,用 25 mm 试样立方体在 140 ℃下做试验时取得否定结果,并且该物质将装在体积大于 3 m³ 的包件内运输;

② 用 100 mm 试样立方体在 140 ℃下做试验时取得肯定结果,用 25 mm 试样立方体在 140 ℃下做试验时取得否定结果,用 100 mm 试样立方体在 120 ℃下做试验时取得肯定结果,并且该物质将装在体积大于 450 L 的包件内运输;

③ 用 100 mm 试样立方体在 140 ℃下做试验时取得肯定结果,用 25 mm 试样立方体在 140 ℃下做试验时取得否定结果,并且用 100 mm 试样立方体在 100 ℃下做试验时取得肯定结果。

4.5.3.3 遇水放出易燃气体的物质

(1)任何物质如在环境温度下遇水发生剧烈反应并且所产生的气体通常显示自燃的倾向,或在环境温度下遇水容易起反应,释放易

燃气体的速度大于或等于每千克物质每分钟释放 10 L,应划为Ⅰ类包装;

(2)任何物质如在环境温度下遇水容易起反应,释放易燃气体的最大速度大于或等于每千克物质每小时释放 20 L,并且不符合Ⅰ类包装的标准,应划为Ⅱ类包装;

(3)任何物质如在环境温度下遇水反应缓慢,释放易燃气体的最大速度大于或等于每千克物质每小时释放 1 L,并且不符合Ⅰ类或Ⅱ类包装的标准,应划为Ⅲ类包装。

4.6　第 5 类:氧化性物质和有机过氧化物

4.6.1　一般规定

本类包括氧化性物质和有机过氧化物,分为 2 项。

4.6.2　项别

4.6.2.1　5.1 项:氧化性物质

氧化性物质是指本身未必燃烧,但通常因放出氧可能引起或促使其他物质燃烧的物质。

4.6.2.2　5.2 项:有机过氧化物

4.6.2.2.1　有机过氧化物是指含有两价过氧基(-O-O-)结构的有机物质。

4.6.2.2.2　当有机过氧化物配制品满足下列条件之一时,视为非有机过氧化物:

(1)其有机过氧化物的有效氧质量分数[按式(1)计算]不超过 1.0%,而且过氧化氢质量分数不超过 1.0%;

$$X = 16 \times \sum \left(\frac{n_i \times C_i}{m_i} \right) \tag{1}$$

式中:X——有效氧含量,以质量分数表示,%;

　　n_i——有机过氧化物 i 每个分子的过氧基数目;

　　C_i——有机过氧化物 i 的浓度,以质量分数表示,%;

　　m_i——有机过氧化物 i 的相对分子质量。

(2)其有机过氧化物的有效氧质量分数不超过 0.5%,而且过氧化氢质量分数超过 1.0%但不超过 7.0%。

4.6.2.2.3　有机过氧化物按其危险性程度分为 7 种类型,从 A

型到 G 型：

(1)A 型有机过氧化物

装在供运输的容器中时能起爆或迅速爆燃的有机过氧化物配制品。

(2)B 型有机过氧化物

装在供运输的容器中时既不起爆也不迅速爆燃，但在该容器中可能发生热爆炸的具有爆炸性质的有机过氧化物配制品。该有机过氧化物装在容器中的数量最高可达 25 kg，但为了排除在包件中起爆或迅速爆燃而需要把最高数量限制在较低数量者除外。

(3)C 型有机过氧化物

装在供运输的容器(最多 50 kg)内不可能起爆或迅速爆燃或发生热爆炸的具有爆炸性质的有机过氧化物配制品。

(4)D 型有机过氧化物

满足下列条件之一，可以接受装在净重不超过 50 kg 的包件中运输的有机过氧化物配置品：

① 如果在实验室试验中，部分起爆，不迅速爆燃，在封闭条件下加热时不显示任何激烈效应。

② 如果在实验室试验中，根本不起爆，缓慢爆燃，在封闭条件下加热时不显示激烈效应。

③ 如果在实验室试验中，根本不起爆或爆燃，在封闭条件下加热时显示中等效应。

(5)E 型有机过氧化物

在实验室试验中，既不起爆也不爆燃，在封闭条件下加热时只显示微弱效应或无效应，可以接受装在不超过 400 kg/450 L 的包件中运输的有机过氧化物配制品。

(6)F 型有机过氧化物

在实验室试验中，既不在空化状态下起爆也不爆燃，在封闭条件下加热时只显示微弱效应或无效应，并且爆炸力弱或无爆炸力的，可考虑用中型散货箱或罐体运输的有机过氧化物配制品。

(7)G 型有机过氧化物

① 在实验室试验中,既不在空化状态下起爆也不爆燃,在封闭条件下加热时不显示任何效应,并且没有任何爆炸力的有机过氧化物配制品,应免予被划入 5.2 项,但配制品应是热稳定的(50 kg 包件的自加速分解温度为 60 ℃或更高),液态配制品应使用 A 型稀释剂退敏。

② 如果配制品不是热稳定的,或者用 A 型稀释剂以外的稀释剂退敏,配制品应定为 F 型有机过氧化物。

4.6.3　第 5 类:危险货物包装类别的划分

5.1项氧化性物质根据氧化性固体和氧化性液体的危险性划分包装类别。

4.6.3.1　氧化性固体

氧化性固体按照 GB/T 21617 所述的试验程序和下列标准划定包装类别。

4.6.3.1.1　Ⅰ类包装

该物质样品与纤维素之比为按质量4∶1或1∶1的混合物进行试验时,显示的平均燃烧时间小于溴酸钾与纤维素之比为按质量3∶2的混合物的平均燃烧时间。

4.6.3.1.2　Ⅱ类包装

该物质样品与纤维素之比为按质量4∶1或1∶1的混合物进行试验时,显示的平均燃烧时间等于或小于溴酸钾与纤维素之比为按质量2∶3的混合物的平均燃烧时间,并且未满足Ⅰ类包装的标准。

4.6.3.1.3　Ⅲ类包装

该物质样品与纤维素之比为按质量4∶1或1∶1的混合物进行试验时,显示的平均燃烧时间等于或小于溴酸钾与纤维素之比为按质量3∶7的混合物的平均燃烧时间,并且未满足Ⅰ类包装和Ⅱ类包装的标准。

4.6.3.1.4　非 5.1 项

该物质样品与纤维素之比为按质量4∶1或1∶1的混合物进行试验时,都不发火并燃烧,或显示的平均燃烧时间大于溴酸钾与纤维素之比为按质量3∶7的混合物的平均燃烧时间。

4.6.3.2　氧化性液体氧化性液体按照 GB/T 21620 所述的试验程序和下列标准划定包装类别。

4.6.3.2.1　Ⅰ类包装

该物质与纤维素之比为按质量1∶1的混合物进行试验时,自发着火,或该物质与纤维素之比为按质量1∶1的混合物的平均压力上升时间小于50%高氯酸与纤维素之比为按质量1∶1的混合物的平均压力上升时间。

4.6.3.2.2　Ⅱ类包装

该物质与纤维素之比为按质量1∶1的混合物进行试验时,显示的平均压力上升时间小于或等于40%氯酸钠水溶液与纤维素之比为按质量1∶1的混合物的平均压力上升时间,并且未满足Ⅰ类包装的标准。

4.6.3.2.3　Ⅲ类包装

该物质与纤维素之比为按质量1∶1的混合物进行试验时,显示的平均压力上升时间小于或等于65%硝酸水溶液与纤维素之比为按质量1∶1的混合物的平均压力上升时间,并且未满足Ⅰ类包装和Ⅱ类包装的标准。

4.6.3.2.4　非5.1项

该物质与纤维素之比为按质量1∶1的混合物进行试验时,显示的压力上升小于 2070 kPa(表压),或显示的平均压力上升时间大于65%硝酸水溶液与纤维素之比为按质量1∶1的混合物的平均压力上升时间。

4.7　第6类:毒性物质和感染性物质

4.7.1　一般规定

本类包括毒性物质和感染性物质,分为2项。

4.7.2　项别

4.7.2.1　6.1项:毒性物质

4.7.2.1.1　毒性物质是指经吞食、吸入或与皮肤接触后可能造成死亡或严重受伤或损害人类健康的物质。

4.7.2.1.2　本项包括满足下列条件之一的毒性物质(固体或

液体):

(1)急性口服毒性:$LD_{50} \leqslant 300$ mg/kg。

注:青年大白鼠口服后,最可能引起受试动物在 14 天内死亡一半的物质剂量,试验结果以 mg/kg 体重表示。

(2)急性皮肤接触毒性:$LD_{50} \leqslant 1000$ mg/kg。

注:使白兔的裸露皮肤持续接触 24 小时,最可能引起受试动物在 14 天内死亡一半的物质剂量,试验结果以 mg/kg 体重表示。

(3)急性吸入粉尘和烟雾毒性:$LC_{50} \leqslant 4$ mg/L。

(4)急性吸入蒸气毒性:$LC_{50} \leqslant 5000$ mL/m³,且在 20 ℃和标准大气压力下的饱和蒸气浓度大于或等于 1/5 LC_{50}。

注:使雌雄青年大白鼠连续吸入 1 小时,最可能引起受试动物在 14 天内死亡一半的蒸气、烟雾或粉尘的浓度。固态物质如果其总质量的 10%以上是在可吸入范围的粉尘(即粉尘粒子的空气动力学直径≤10 μm)应进行试验。液态物质如果在运输密封装置漏泄时可能产生烟雾,应进行试验。不管是固态物质还是液态物质,准备用于吸入毒性试验的样品的 90%以上(按质量计算)应在上述规定的可吸入范围。对粉尘和烟雾,试验结果以 mg/L 表示;对蒸气,试验结果以 mL/m³ 表示。

4.7.2.2　6.2 项:感染性物质

4.7.2.2.1　感染性物质是指已知或有理由认为含有病原体的物质。

4.7.2.2.2　感染性物质分为 A 类和 B 类:

(1)A 类:以某种形式运输的感染性物质,在与之发生接触(发生接触,是在感染性物质泄漏到保护性包装之外,造成与人或动物的实际接触)时,可造成健康的人或动物永久性失残、生命危险或致命疾病。

(2)B 类:A 类以外的感染性物质。

4.7.3　第 6 类危险货物包装类别的划分

6.1 项物质(包括农药),按其毒性程度划入三个包装类别:

——Ⅰ类包装:具有非常剧烈毒性危险的物质及制剂;

——Ⅱ类包装:具有严重毒性危险的物质及制剂;

——Ⅲ类包装:具有较低毒性危险的物质及制剂。

在确定包装类别时,以动物试验所得经口摄入、经皮接触和吸入粉尘、烟雾或蒸气试验数据作为根据。同时,还应考虑到人类意外中毒事故的经验,以及个别物质具有的特殊性质,例如液态、高挥发性、任何特殊的渗透可能性和特殊生物效应。当一种物质通过两种或更多的试验方式所显示的毒性程度不同时,应以试验所表明的危险性最大者为准。

4.7.3.1 经口摄入、经皮接触和吸入粉尘或烟雾的分类标准

经口摄入、经皮接触和吸入粉尘或烟雾的包装类别按表4确定:

(1)催泪性毒气物质,即使其毒性数据相当于Ⅲ类包装的数值,也应划入Ⅱ类包装。

(2)表中吸入粉尘和烟雾毒性标准以吸入1小时的LC_{50}数据为基准,应优先使用该数据。但如果仅有4小时吸入粉尘和烟雾的LC_{50}数据,则4倍的LC_{50}(4小时)数值可等效于LC_{50}(1小时)数值。

(3)符合第8类标准、并且吸入粉尘和烟雾毒性(LC_{50})属于Ⅰ类包装的物质,只在经口摄入或经皮接触毒性至少是Ⅰ类或Ⅱ类包装时才被认可划入6.1项,否则酌情划入第8类。

表4 经口摄入、经皮接触和吸入粉尘或烟雾的包装类别表

包装类别	经口毒性 LD_{50}/(mg/kg)	经皮接触毒性 LD_{50}/(mg/kg)	吸入粉尘和烟雾毒性 LC_{50}/(mg/L)
Ⅰ	≤5.0	≤50	≤0.2
Ⅱ	5.0~50	50~200	0.2~2.0
Ⅲ	50~300	200~1000	2.0~4.0

4.7.3.2 有毒性蒸气的液体包装类别分类标准

有毒性蒸气的液体应划入下列包装类别,其中"V"为在20℃和标准大气压力下的饱和蒸气浓度,以mL/m^3(挥发度)表示:

(1)Ⅰ类包装:$V \geqslant 10LC_{50}$ 且 $LC_{50} \leqslant 1000$ mL/m^3。

(2)Ⅱ类包装:$V \geqslant LC_{50}$ 且 $LC_{50} \leqslant 3000$ mL/m^3,并且不符合Ⅰ

类包装的标准。

(3)Ⅲ类包装:$V \geqslant 1/5 LC_{50}$ 且 $LC_{50} \leqslant 5000 \text{ mL/m}^3$,并且不符合Ⅰ类包装或Ⅱ类包装的标准(催泪性毒气物质,即使其毒性数据相当于Ⅲ类包装的数值,也应列入Ⅱ类包装)。吸入蒸气毒性标准以吸入1小时的 LC_{50} 数据为基准,应优先使用该数据。但如果仅有4小时吸入蒸气的 LC_{50} 数据,则2倍的 LC_{50}(4小时)数值可等效于 LC_{50}(1小时)数值。

4.7.3.3　液体混合物包装类别分类标准

如果已知组成混合物的每一种毒性物质的 LC_{50} 数据,混合物的包装类别可按下列方式确定。

4.7.3.3.1　混合物的 LC_{50} 值的计算公式见下式:

$$LC_{50}(\text{混合物}) = \frac{1}{\sum\limits_{i=1}^{n}(f_i / LC_{50i})} \tag{2}$$

式中:f_i——混合物的第 i 种成分物质的摩尔分数;

　　　LC_{50i}——第 i 种成分物质的平均致死浓度,单位为毫升每立方米(mL/m^3)。

4.7.3.3.2　混合物中每种成分物质挥发性的计算公式见下式:

$$V_i = P_i \times 10^6 / 101.3 \tag{3}$$

式中:P_i——在20 ℃和1个大气压下第 i 种成分物质的分压,单位为千帕(kPa)。

4.7.3.3.3　混合物挥发性与 LC_{50} 的比率的计算公式见下式:

$$R = \sum_{i=1}^{n} \left(\frac{V_i}{LC_{50i}} \right) \tag{4}$$

式中:R——混合物挥发性与 LC_{50} 的比率。

4.7.3.3.4　混合物包装类别的确定(根据混合物 LC_{50} 值和 R):

(1)Ⅰ类包装:$R \geqslant 10$ 且 LC_{50}(混合物)$\leqslant 1000 \text{ mL/m}^3$;

(2)Ⅱ类包装:$R \geqslant 1$ 且 LC_{50}(混合物)$\leqslant 3000 \text{ mL/m}^3$,并且不符合Ⅰ类包装标准;

(3)Ⅲ类包装:$R \geqslant 1/5$ 且 LC_{50}(混合物)$\leqslant 5000 \text{ mL/m}^3$,并且不符合Ⅰ类和Ⅱ类包装标准。

4.7.3.3.5　对于没有毒性成分物质 LC_{50} 数据的混合物,可根据下述简化的极限毒性试验划定混合物的包装类别。如使用这些极限试验,所确定的最严格的包装类别将用于该混合物的运输。

(1)混合物只有在下列两项标准都满足时,才划入Ⅰ类包装:

① 把液体混合物样品制成蒸气并用空气稀释,配置混合物蒸气浓度为 1000 mL/m³ 的试验气体环境。把 10 只白鼠(5 只雄性、5 只雌性)置于该试验气体环境中 1 小时,然后观察 14 天。如在 14 天的观察期内 5 只以上白鼠死亡,则可推定混合物的 LC_{50} 值等于或小于 1000 mL/m³。

② 把在 20℃时与液体混合物处于平衡状态的蒸气样品用 9 倍等体积的空气稀释以形成试验气体环境。把 10 只白鼠(5 只雄性、5 只雌性)置于该试验气体环境中 1 小时,然后观察 14 天。如在 14 天的观察期内 5 只以上白鼠死亡,则可推定混合物的挥发度等于或大于混合物 LC_{50} 值的 10 倍。

(2)混合物只有在下列两项标准都满足,并且不符合Ⅰ类包装的标准时,才划入Ⅱ类包装:

① 把液体混合物样品制成蒸气并用空气稀释,配置混合物蒸气浓度为 3000 mL/m³ 的试验气体环境。把 10 只白鼠(5 只雄性、5 只雌性)置于该试验气体环境中 1 小时,然后观察 14 天。如在 14 天的观察期内 5 只以上白鼠死亡,则可推定混合物的 LC_{50} 值等于或小于 3000 mL/m³。

② 用在 20 ℃时与液体混合物处于平衡状态的蒸气样品形成试验气体环境。把 10 只白鼠(5 只雄性、5 只雌性)置于该试验气体环境中 1 小时,然后观察 14 天。如在 14 天的观察期内 5 只以上白鼠死亡,则可推定混合物的挥发度等于或大于混合物的 LC_{50} 值。

(3)混合物只有在下列两项标准都满足,并且不符合Ⅰ类和Ⅱ类包装的标准时,才划入Ⅲ类包装:

① 把液体混合物样品制成蒸气并用空气稀释,配置混合物蒸气浓度为 5000 mL/m³ 的试验气体环境。把 10 只白鼠(5 只雄性、5 只雌性)置于该试验气体环境中 1 小时,然后观察 14 天。如在 14 天的

观察期内 5 只以上白鼠死亡,则可推定混合物的 LC_{50} 值等于或小于 $5000\ mL/m^3$。

② 对液体混合物的蒸气压进行测量,如果蒸气浓度等于或大于 $1000\ mL/m^3$,则可推定混合物的挥发度等于或大于混合物 LC_{50} 值的 $1/5$。

4.7.3.4 农药包装类别分类标准

4.7.3.4.1 农药的 LC_{50} 和/或 LD_{50} 值已知并且划入 6.1 项的所有有效农药物质及其制剂,应按照 4.7.3.1、4.7.3.2 和 4.7.3.3 中所载的标准划归适当的包装类别。具有次要危险性的物质和制剂应按照本标准第 5 部分危险性先后顺序表进行分类,并划定适当的包装类别。

4.7.3.4.2 如果农药制剂的经口摄入或经皮接触 LD_{50} 值未知,但其有效成分物质的 LD_{50} 值已知,该制剂的 LD_{50} 值可以应用 4.7.3.5 中的程序得到。

4.7.3.4.3 部分普通农药的 LD_{50} 毒性数据参见《世界卫生组织建议的农药按危险性的分类和分类准则》(2004)。虽然该文件可以作为农药 LD_{50} 数据的来源,但其分类制度不得用于运输目的的农药分类或用于划定农药的包装类别,农药的分类应按照本标准划定。

4.7.3.5 确定混合物口服毒性和皮肤接触毒性的方法

4.7.3.5.1 当按照 4.7.3.1、4.7.3.2 和 4.7.3.3 中的经口摄入毒性和经皮接触毒性标准对 6.1 项混合物进行分类和划定适当的包装类别时,需要确定该混合物的急性 LD_{50} 值。

4.7.3.5.2 如果混合物只含有一种有效成分物质,而且该成分的 LD_{50} 值是已知的,在没有可靠的有关待运实际混合物的急性经口摄入毒性和经皮接触毒性的数据时,制剂的 LD_{50} 值按下式计算:

$$制剂的 LD_{50} 值 = 有效成分物质的 LD_{50} 值 \times$$
$$\frac{100 \times 有效成分物质的含量的数值}{} \quad (5)$$

式中:有效成分物质的 LD_{50} 值,单位为毫克每千克(mg/kg);有效成分物质的含量的数值,以质量分数表示,%。

4.7.3.5.3 如果混合物含有一种以上的有效成分,其经口摄入

或经皮接触 LD_{50} 值的确定方法有三种。首选方法是取得可靠的有关待运实际混合物的急性经口摄入和经皮接触毒性数据。在无法得到上述可靠毒性数据时，可以采用以下两种方法之一：

(1)筛选出混合物的最危险成分，并且假定该成分在混合物中的浓度等于所有有效成分的浓度总和。

(2)按下式计算混合物的经口摄入 LD_{50}：

$$\frac{C_A}{T_A}+\frac{C_B}{T_B}+\cdots+\frac{C_Z}{T_Z}=\frac{100}{T_M} \tag{6}$$

式中：C_A、$C_B\cdots C_Z$——成分 A、B$\cdots$Z 在混合物中的浓度的数值，以质量分数表示，％；

T_A、$T_B\cdots T_Z$——成分 A、B$\cdots$Z 的经口摄入 LD_{50} 值，单位为毫克每千克（mg/kg）；

T_M——混合物的经口摄入 LD_{50} 值，单位为毫克每千克（mg/kg）。

注：式(6)也适用于经皮接触 LD_{50} 值计算，条件是混合物所有成分的经皮接触 LD_{50} 资料可得。

4.8　第7类：放射性物质

本类物质是指任何含有放射性核素并且其活度浓度和放射性总活度都超过 GB 11806 规定限值的物质。

4.9　第8类：腐蚀性物质

4.9.1　一般规定

腐蚀性物质是指通过化学作用使生物组织接触时造成严重损伤或在渗漏时会严重损害甚至毁坏其他货物或运载工具的物质。本类包括满足下列条件之一的物质：

(1)使完好皮肤组织在暴露超过 60 分钟、但不超过 4 小时之后开始的最多 14 天观察期内全厚度毁损的物质；

(2)被判定不引起完好皮肤组织全厚度毁损，但在 55 ℃试验温度下，对钢或铝的表面腐蚀率超过 6.25 mm/a 的物质。

4.9.2　第8类危险货物包装类别的划分

根据腐蚀性物质的危险程度划定三个包装类别：

——Ⅰ类包装：非常危险的物质和制剂；

——Ⅱ类包装:显示中等危险性的物质和制剂;

——Ⅲ类包装:显示轻度危险性的物质和制剂。

符合第 8 类标准并且吸入粉尘和烟雾毒性(LC_{50})为Ⅰ类包装,但经口摄入或经皮接触毒性仅为Ⅲ类包装或更小的物质或制剂应划入第 8 类。

4.9.2.1　Ⅰ类包装

使完好皮肤组织在暴露 3 分钟或少于 3 分钟之后开始的最多 60 分钟观察期内全厚度毁损的物质。

4.9.2.2　Ⅱ类包装

使完好皮肤组织在暴露超过 3 分钟但不超过 60 分钟之后开始的最多 14 天观察期内全厚度毁损的物质。

4.9.2.3　Ⅲ类包装

Ⅲ类包装包括:

(1)使完好皮肤组织在暴露超过 60 分钟但不超过 4 小时之后开始的最多 14 天观察期内全厚度毁损的物质;

(2)被判定不引起完好皮肤组织全厚度毁损,但在 55 ℃试验温度下,对 S235JR＋CR 型或类似型号钢或非复合型铝的表面腐蚀率超过 6.25 mm/a 的物质(如对钢或铝进行的第一个试验表明,接受试验的物质具有腐蚀性,则无须再对另一金属进行试验)。

4.10　第 9 类:杂项危险物质和物品,包括危害环境物质

4.10.1　本类是指存在危险但不能满足其他类别定义的物质和物品,包括:

(1)以微细粉尘吸入可危害健康的物质,如 UN2212、UN2590;

(2)会放出易燃气体的物质,如 UN2211、UN3314;

(3)锂电池组,如 UN3090、UN3091、UN3480、UN3481;

(4)救生设备,如 UN2990、UN3072、UN3268;

(5)一旦发生火灾可形成二噁英的物质和物品,如 UN2315、UN3432、UN3151、UN3152;

(6)在高温下运输或提交运输的物质,是指在液态温度达到或超过 100℃,或固态温度达到或超过 240℃条件下运输的物质,如

UN3257、UN3258；

(7)危害环境物质,包括污染水生环境的液体或固体物质,以及这类物质的混合物(如制剂和废物),如 UN3077、UN3082；

(8)不符合 6.1 项毒性物质或 6.2 项感染性物质定义的经基因修改的微生物和生物体,如 UN3245；

(9)其他,如 UN1841、UN1845、UN1931、UN1941、UN1990、UN2071、UN2216、UN2807、UN2969、UN3166、UN3171、UN3316、UN3334、UN3335、UN3359、UN3363。

4.10.2　危害水生环境物质的分类物质满足表5所列急性1、慢性1或慢性2的标准,应列为"危害水生环境环境物质"。

表5　危害水生环境物质的分类

急性(短期) 水生危害[a]	慢性(长期)水生危害[b]		
	已掌握充分的慢毒性资料		没有掌握充分的慢毒性资料[a]
	非快速降解物质[c]	快速降解物质[c]	
类别:急性1	类别:慢性1	类别:慢性1	类别:慢性1
LC_{50}(或 EC_{50})[d] ≤1.00	NOEC(或 EC_x) ≤0.1	NOEC(或 EC_x) ≤0.01	LC_{50}(或 EC_{50})[d]≤1.00,并且该物质满足下列条件之一: (1)非快速降解物质;(2)BCF≥500,如没有该数值,$\lg K_{ow}$≥4
—	类别:慢性2	类别:慢性2	类别:慢性2
—	0.1<NOEC (或 EC_x)≤1	0.01<NOEC (或 EC_x)≤0.1	1.00<LC_{50}(或 EC_{50})[d]≤10.0,并该物质满足下列条件之一: (1)非快速降解物质;(2)BCF≥500,如没有该数值,$\lg K_{ow}$≥4

注:BCF:生物富集系数;

EC_x:产生 x%反应的浓度,单位为毫克每升(mg/L);

EC_{50}:造成 50%最大反的物质有效浓度,单位为毫克每升(mg/L);

ErC_{50}:在减缓增长上的 EC_{50},单位为毫克每升(mg/L);

K_{ow}:辛醇溶液分配系数;LC_{50}(50%致命浓度):物质在水中造成一组试验动物 50%死亡浓度,单位为毫克每升(mg/L);

NOEC(无显见效果浓度):试验浓度刚好低于产生在统计上有效的害影响的最低测得浓度,单位为毫克每升(mg/L),NOEC不产生在统计上有效的应受管制的有害影响。

a:以鱼类、甲壳纲动物,和/或藻类或其他水生植物的 LC_{50}(或 EC_{50})数值为基础的急性毒性范围。

b：物质按不同的慢毒性分类，除非掌握所有三个营养水平的充分的慢毒性数据，在水溶性以上或 1 mg/L。

c：慢性毒性范围以鱼类或甲壳纲动物的 NOEC 或等效的 EC_x 数值，或其他公认的慢毒性标准为基础。

d：LC_{50}（或 EC_{50}）分别指 96 小时 LC_{50}（对鱼类）、48 小时 EC_{50}（对甲壳纲动物），以及 72 小时或 96 小时 ErC_{50}（对藻类或其他水生植物）。

5　危险货物危险性的先后顺序

5.1　当一种物质、混合物或溶液有一种以上危险性，而其名称又未列入《规章范本》第 3.2 章"危险货物一览表"内时，其危险性的先后顺序按表 6 确定。

表 6　危险性的先后顺序表

类或项和包装类别	4.2	4.3	5.1			6.1				8					
			I	II	III	I 皮肤	I 口服	II	III	I 液体	I 固体	II 液体	II 固体	III 液体	III 固体
3　I[a]		4.3				3	3	3	3	—	—	3	—	3	—
3　II[a]		4.3				3	3	3	3	8	—	3	—	3	—
3　III[a]		4.3				6.1	6.1	6.1	3[b]	8	—	8	—	8	—
4.1　II[a]	4.2	4.3	5.1	4.1	4.1	6.1	6.1	4.1	4.1	—	8	—	4.1	—	4.1
4.1　III[a]	4.2	4.3	5.1	4.1	4.1	6.1	6.1	6.1	4.1	—	8	—	8	—	4.1
4.2　II		4.3	5.1	4.2	4.2	6.1	6.1	4.2	4.2	8	4.2	4.2	4.2	4.2	4.2
4.2　III		4.3	5.1	5.1	4.2	6.1	6.1	6.1	4.2	8	8	8	8	4.2	4.2
4.3　I			5.1	4.3	4.3	6.1	4.3	4.3	4.3	4.3	4.3	4.3	4.3	4.3	4.3
4.3　II			5.1	4.3	4.3	6.1	4.3	4.3	4.3	5.1	5.1	5.1	5.1	5.1	5.1
4.3　III			5.1	5.1	4.3	6.1	6.1	6.1	4.3	8	8	8	8	5.1	5.1
5.1　I						5.1	5.1	5.1	5.1	5.1	5.1	5.1	5.1	5.1	5.1
5.1　II						6.1	5.1	5.1	5.1	8	8	8	8	5.1	5.1
5.1　III						6.1	6.1	6.1	5.1	8	8	8	8	5.1	5.1

续表

类或项和包装类别			4.2	4.3	5.1 I			6.1 I		6.1 II	6.1 III	8 I 液体	8 I 固体	8 II 液体	8 II 固体	8 III 液体	8 III 固体
					I	II	III	皮肤	口服								
6.1	I	皮肤										8	6.1	6.1	6.1	6.1	6.1
		口服										8	6.1	6.1	6.1	6.1	6.1
	II	吸入										8	6.1	6.1	6.1	6.1	6.1
		皮肤										8	6.1	8	6.1	6.1	6.1
		口服										8	8	8	6.1	6.1	6.1
	III……											8	8	8	8	8	8

注：“—”表示不可能组合。

a：自反应物质和固态退敏爆炸品以外的 4.1 项物质以及液态退敏爆炸品以外的第 3 类物质。

b：农药为 6.1。

5.2　对于具有多种危险性而在《规章范本》第 3.2 章“危险货物一览表”中没有具体列出名称的货物，不论其在表 6 中危险性的先后顺序如何，其有关危险性的最严格包装类别优先于其他包装类别。

5.3　下列物质和物品的危险性总是处于优先地位，其危险性的先后顺序没有列入表 6：

（1）第 1 类物质和物品；

（2）第 2 类气体；

（3）第 3 类液态退敏爆炸品；

（4）4.1 项自反应物质和固态退敏爆炸品；

（5）4.2 项发火物质；

（6）5.2 项物质；

（7）具有 I 类包装吸入毒性的 6.1 项物质；

（8）6.2 项物质；

（9）第 7 类物质。